PLC 활용을 위한

시 퀀 스 제 어

서 정 훈 저

오성 미디어

머 리 말

21세기를 대표하는 유비쿼터스의 정보통신 기술들은 현재 뿐만 아니라 다가올 미래에도 없어서는 안될 요소가 되었지만 이러한 정보통신 기술들이 지속적인 발전하기 위해서는 전기전자의 한 분야인 PLC 기술 또한 매우 중요한 요소로 자리 잡고 있습니다. 이러한 PLC 기술이 발달되지 않았다면 산업체 현장의 생산성 향상은 매우 어려웠을 것입니다. 앞으로도 산업체에서 생산 및 공정에서 효율적인 제품 생산을 높이기 위하여 PLC 기술을 이용한 핵심적인 기기들의 개발은 필수적이라고 할 수 있습니다.

본서에서는 전기전자 전공자 학생들과 전기공사에 관련 회사에 취업을 앞둔 학생들 모두에게 도움이 될수 있도록 다양한 정보 기술 원리와 산업체에서의 활용성을 중심으로 설명하고 있습니다. 이를 위해 다양한 회로도 및 관련 내용을 추가하여 실험실습에 이해를 돕고자 하였습니다.

본서의 특징을 살펴보면 크게 다음과 같이 몇 가지가 있습니다.

첫째, PLC 활용을 위해 시퀀스 회로에 대한 이론적인 배경을 순차적으로 설명하였고, 이러한 이론을 토대로 산업현장에서 요구하는 실무 기술들간의 개연성을 알게 쉽게 설명하고 요약 정리 하였습니다. 또한 이러한 이론적인 기초로 현재 사용되고 있는 다양한 응용 기술과 향후 등장하게 될 기술에 대한 핵심 내용을 체계적 실습할 수 있도록 기술하고 있습니다.

둘째, 본서에서는 PLC 기술을 자주 접하지 못한 학생들과 PLC을 활용하여 제어 기술을 전공하고자 하는 입문자들의 기술에 대한 이해도를 최대한 높이고자 다양한 실습을 할 수 있도록 수록하였습니다. 이러한 실습

내용들은 산업 현장에서나 들을 수 있는 매우 중요하고 유용한 내용으로 실무능력에 대해 이해력을 증진시키는데 효과적으로 사용될 수 있을 것으로 생각합니다.

셋째, 저자의 오랜 경험과 산업현장에서 근무하며 얻어진 실무자의 도움으로 다양한 자료들을 수집하여 교재의 곳곳에 흥미를 가지며 PLC 기술을 이해할 수 있게 유도하고 있습니다.

본서를 통해 PLC 활용을 위한 공부를 하려는 학생들의 감사어린 충고와 본서의 부족한 점을 수렴하기 위해 언제든지 다음의 전자 우편 주소로 연락을 주시면 보다나은 교재로 거듭나기 위한 노력을 게을리하지 않을 것을 약속드립니다.

edu@dreamwiz.com

마지막으로 본서의 출간을 위해 물심 양면으로 도움을 주신 오성 미디어의 모든 분들께 감사를 드리며, 아울러 휴일 마다하고 주야로 도움을 주신 정진영 사장님에게 다시 한번 진심으로 깊은 감사의 뜻을 전합니다.

서 정 훈

목　　차

제 1 장. 자동제어

제 2 장. 시퀀스 제어

제 3 장. 실험실습

제1장. 자동제어

개요

1-1 자동제어

자동제어(automatic control)는 현대문명과 산업분야 및 우주항공분야 등 에서 그의 진보와 발전에 지대한 역할을 하고 있다. 가정에서 쾌적하고 안락한 생활을 위한 자동화설비(home automatic),산업분야에서의 FA 설비, 우주항공분야의 비행유도체등 그 응용 예는 수 없이 많다.

여기서 흔히 쓰이는 "**제어**"(control)란 용어부터 정의하여 보면 "어떤 목적에 적합하게 대상이 되는 것에 필요한 조작을 가하는 것"이라고 정의 되어 있다. 예를 들면 자동차를 운전하여 어떤 목적지까지 가려고 할 때, 기어의 조작으로 자동차를 가속하고 핸들 및 브레이크의 조작 등이 필요하다. 이와 같이 기어와 핸들 및 브레이크 등의 조작은 자동차를 운행하기 위한 제어가 될 것이다.

다시 말해 제어란 항상 대상물(앞의 예에서는 자동차)이 있으며 이 대상의 주된 물리량(자동차의 속도, 위치 등)이 목적대로 되도록 조작을 가하는 것을 말하며, 그 대상물을 **제어대상**(controlled process), 주된 물리량을 **제어량**(controlled variable), 필요한 조작을 조작량(actuating variable), 주어지는 명령을 **제어명령**(control command), 이라고 한다.

이와 같은 제어를 사람의 손으로 직접 하는 제어를 **수동제어**(manual control), 장치나 기계로서 하는 제어를 **자동제어**(automatic control)라고 하며, 앞의 설명과 같이 자동제어를 하고 있는 시스템을 **자동제어계**(automatic control system)라고 한다면 자동제어계는 다음과 같이 분류할 수 있다.

i) 정성적 자동제어계(定性的 自動制御系)

ii) 정량적 자동제어계(定量的 自動制御系)

먼저 i)의 정성적 자동제어계(定性的 自動制御系)는 제어량의 상태만으로 제어하는 제어계(control system)로 양적(量的)인 값은 고려하지 않는다.

이와 같이 제어를 사람의 손으로 하지 않고 자동으로 하지만 정해진 순서에 따라 진행되도록 하는 기술이 **개(開)루우프계**(open loop system)의 **시퀀스 제어**(sequence control)이다.

이것에 대하여 ii) 정량적 자동제어계(定量的 自動制御系)에서는 제어량의 상태뿐 아니라 양적(量的)인 값까지 고려하는 기술로 **폐(閉)루우프계**(open loop system)의 **피이드백 제어**(feedback control)가 있다.

1-2 개(開)루우프계와 폐(開)루우프계

제어계는 개(開)루우프계(open loop system)와 개(開)루우프계(open loop system)로 구분 할 수 있으며 그 차이는 제어동작에 따라 구별 되어 진다.

1-2-1.개(開)루우프계(open loop system)

기본적인 제어계는 아래와 같은 간단한 Block선도로서 나타낼 수 있으며 이는 입력 E(S) 에 따른 출력 C(S)를 제어계 G(S)를 통하여 제어하는 것이다. 여기서 E(S), C(S), 및 G(S)를 전달함수라 부른다.

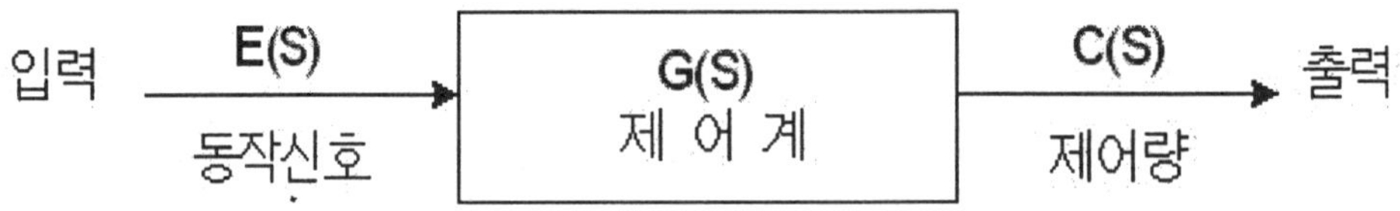

그림 1.1 개(開)루우프계의 블록선도

그림 1.1의 블록선도는 출력신호를 검출하는 장치가 없을 뿐 아니라 입력신호와 출력신호를 비교 할 수 있는 비교장치 또한 없어 출력신호가 입력신호에 전혀 영향을 미칠 수 없어며 최초 입력신호 만큼만 출력을 발생한다. 이와 같이 출력신호가 입력신호에 영향을 미치지 않는 제어계를 개(開)루우프(open loop)제어계라 한다.

1-2-2.폐(閉)루우프계(open loop system)

그림 1.2의 블록선도는 출력신호를 검출하고 이를 궤환시켜 입력신호와 비교 할 수 있는 비교장치가 있어 입력과 출력의 편차를 줄여줌은 물론 외란 등의 영향에도 목표값을 얻을 수 있다. 이와 같이 출력신호와 입력신호를 서로 비교하여 수정해 가며 목표값에 도달하는 제어계를 폐(閉)루우프(close loop)제어계라 한다.

아래 그림1.2는 폐(閉)루우프(close loop)제어계의 일례로서 열교환기에 의한 유체 가열 온도제어 프로세스의 예로서, 관련된 자동제어 용어와 함께 설명하고자 한다.

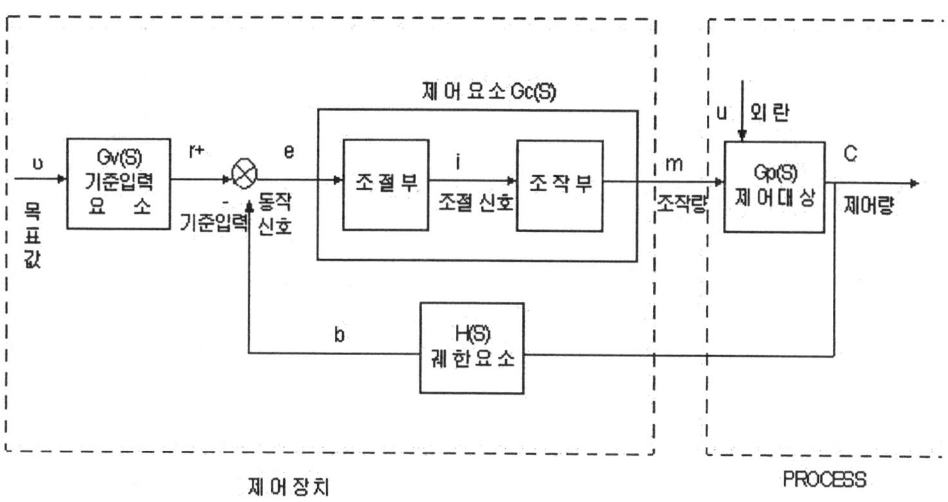

그림 1.2 폐(閉)루우프계의 블록선도

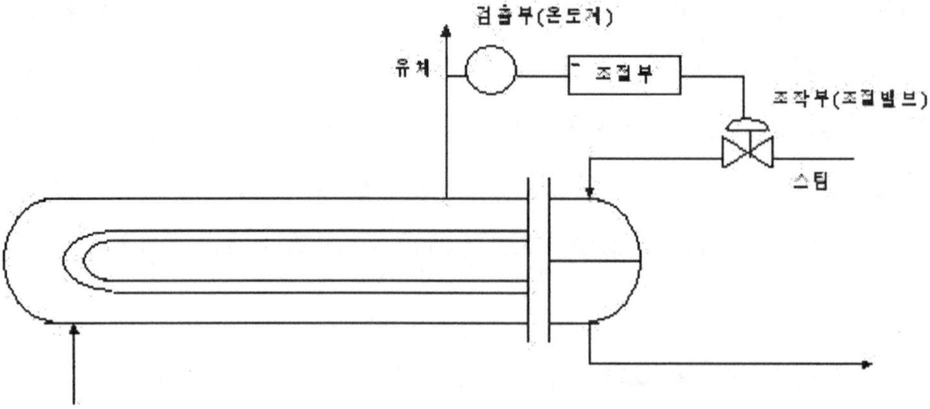

그림 1.3 열교환기에 의한 유체가열

1) 제어대상(Cotrolled system) : 프로세스, 기계 등에 있어서 제어 대상이 되는 부분이며 위에서는 열교환기를 나오는 유체온도

2) 제어량(Controlled variable) : 제어대상의 현상을 나타내는 양이며 측정되고 제어되는 것을 말한다.

3) 검출부(Measurement) : 제어량을 검출하고 기준과 비교할 수 있게 하는 부분, 위에서 열교환기 출구 배관에 만들어 진 온도계.

4) 조절계(Controller) : 검출부에서 측정된 제어량과 목표값을 비교하고 편차가 있을 경우 조작부에 정정 동작신호를 내는 조절기구. 필요에 따라서 측정한 제어량을 지시 또는 기록하는 표시부가 있다. (위에서는 온도 조절계)

5) 목표값(Set point) : 제어량, 즉 열교환기 출구 유체온도의 희망 온도값을 말하며 프로세스 설계의 기본계산에 따라 정해지는 값.

6) 조작부(Final control element) : 조절계에서 신호를 받아 제어대상을 조작하는 부분으로 그림 1.3에서는 조절밸브, 프로세스 제어에서는 제어량이며, 유량이 아니라 가령 온도라도 조작량은 대개의 경우 액량이다. 따라서 조작부는 밸브라는 것이 특징이다.

7) 조작량(Manipulated variable) : 제어량을 조절하기 위해 조작되는 양이며 이 경우 스팀의 액량.

8) 외란(Disturbance) : 프로세스상태를 바꾸려는 외적작용, 가령 유입유체의 온도와 액량의 변화 등

9) 지연(Dead time) : 입력신호의 변화에 출력신호의 변화가 즉시 따라가지 못하는 현상으로 이 지연 시간을 무효시간이라 한다.

10) 기준입력요소(Reference input element : Gv) : 목표값에 비례하는 신호를 발생한다.

11) 기준입력(Reference input : r) : 목표값에 비례하는 신호 입력

12) 제어장치(Control device) : 제어를 하기 위하여 제어대상에 부가되는 장치로서 기준입력요소, 제어요소, 궤한요소를 통틀어 일컫는다.

13) 제어요소(Control element : Gc) : 동작신호로 부터 조작량을 만들어 주는 요소이다.

14) 궤환요소(Feedback element : H) : 제어량으로부터 주궤환을 발생 시키는 요소이다.

15) 궤환(Feedback : b) : 제어량의 함수이고 동작신호를 얻기 위하여 기준입력과 비교되는 양이다.

16) 편차(Deviation or Error) : 측정값 목표값과의 차이

17) 정상상태(Steady state) : 일정시간에 걸쳐 변화가 없는 상태.

18) 오프셋(Offset) : 정상상태에서의 편차를 의미하며 본 교재에서는 **개(開)루우프계**(open loop system)의 **시퀀스 제어**(sequence control)에 대하여 중점 설명한다.

제2장. 시퀀스제어

개요

2-1 시퀀스제어

시퀀스제어(sequence control)는 On-Off 제어, 논리연산 제어, 불연속 제어 등으로 일컬어지며, 정량적인 제어에 비하여 정성적인 제어에 의존하고, 주로 논리연산을 이용하여 정해진 순서에 따라 행해지며 0과 1의 신호로 이루어지며 제어 동작을 위해 명령처리부, 조작부, 제어대상인 기계기구, 표시 및 경보부, 검출부로 나누어진다.

2-2 시퀀스제어용 부품

2-2-1. 조작용 부품

사람이나 기계가 직접 동작을 지령하는 부품으로 각종 스위치류를 들 수 있다.

가.제어용 버튼 스위치(BS)

1) 제어용 버튼 스위치(BS)의 개요

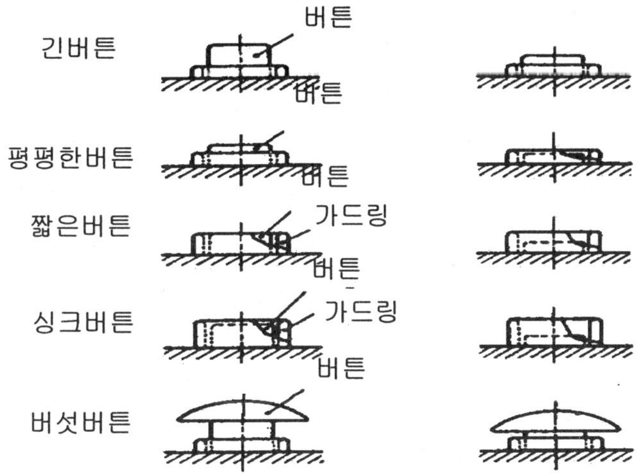

그림2-1 버튼의 종류

제어용 버튼 스위치는 주파수 50HZ 또는 60HZ의 교류 600V 또는 직류 250V이하의 전기회로에 사용한다.

버튼의 형상은 그 용도에 따라 구분 사용되며, 그림2-1과 같이 긴 버튼, 짧은 버튼, 평평한 버튼, 싱크 버튼 및 버섯 버튼의 5종류가 있다.

또한, 스위치의 종류에는 푸시버튼 스위치, 끌기버튼 스위치, 누름버튼 스위치, 래치푸쉬 버튼 스위치, 록버튼 스위치, 키 스위치, 한시푸쉬버튼 스위치, 선택버튼 스위치 및 조광버튼 스위치의 9종류가 있어서 용도에 적합한 것을 설정하여 사용한다.

버튼색의 종류는 표2-1과 같다.

표2-1 버튼색의 종류

투명.불투명별	색 명										적 용
	흑	적	황(귤)	황	녹	청록	청	백	다색	무색	
불 투 명	O	O	O	O	O	O	O	O	O		조광 버튼 스위치의것
반 투 명		O	O	O	O		O	O			조광 버튼 스위치
투 명		O	O	O	O		O			O	

조광 버튼 스위치의 조광부 정격 사용 전압은 표2-2와 같은데, 저항기 붙임 및 전전압식은 200V를 초과하는 것에는 사용되지 않는다. 또, 변압기를 사용하는 것에서는 정격 2차전압은 5.5V,15V 및 20V의 3종류가 있다.

이것에 사용할 전구는 배전반용 전구, 라디오 패널용 전구, 항공기용 전구 또는 이들과 동등 이상의 성능을 가진 것으로, 전구의 평균 수명은 1000시간 이상이다.

표2-2 조광부의 정격 사용 전압

교　　류 [V]	6	18	24	50	110	220	(440)
직　　류 [V]	6	12	18	24	48	110	220

(　)를 한 것은 가급적 사용하지 않는다.

2) 제어용 버튼 스위치의 적용

시퀀스 회로를 구성하고 회로를 ON하거나 OFF하기 위해서는 버튼이 필요한데 이 버튼은 그림2-2에서와 같이 a접점과 b접점으로 이루어져 있으며 평상시에는 N.C(Normal Close) 상태로 되어 있으며 버튼의 상부를 누르면 가동접점이 내려가서 a접점에 접촉하게 되고 다시 놓으면 내장된 코일의 힘에 의하여 b접점에 접촉하게 된다.

그리고 조작용 버튼을 사용하는 목적과 방법에 대하여 규정이 정해져 있으며, 이 규정이 통일이 되지 않으면 사용 중에 위험요소나 불편함이 따르게 되어 있다.

또한 버튼의 색상은 여러 가지로 구분 되어 있는데 특히 적색의 버튼은 비상정지, 급정지, 정지를 목적으로 쓰이고 있으므로 주의하여야 한다.

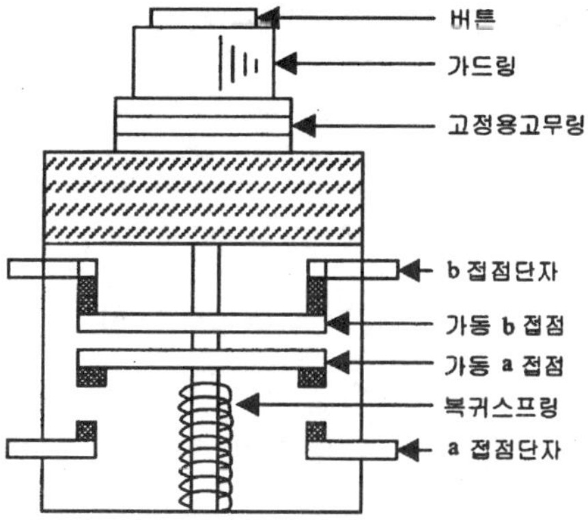

그림2-2 조작용 버튼 내부 구성도

또한 2개이상의 정지 목적으로 버튼을 함께 사용할 경우 다음의 방법에 기준을 두어야 한다.

① 버튼의 형상 또는 치수를 다른 것을 사용 비상정지용 또는 급정지 또는 정지용인지를 구분할 수 있도록 한다. 사용내용은 그림2-3을 참조한다.

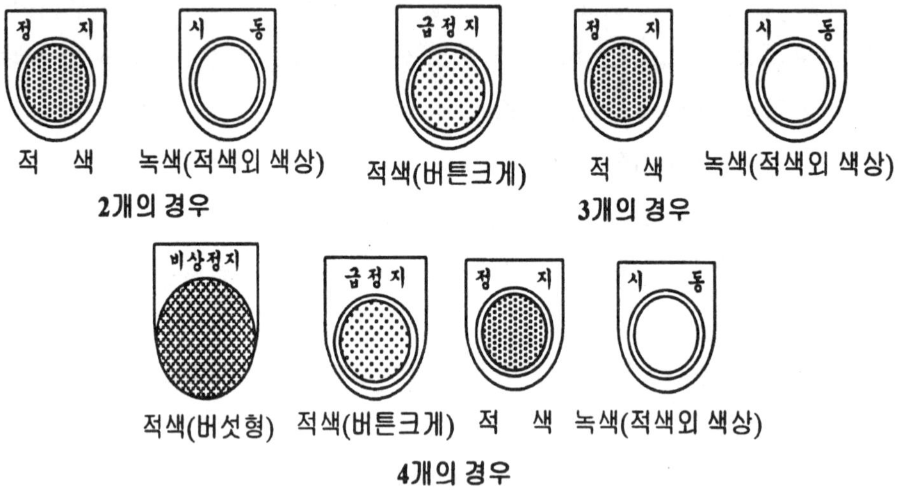

그림2-3 조작용 버튼 스위치의 색상식별

② 정지용과 급정지용이 동일형상 동일치수일 경우 급정지만을 적색으로 선정하고 정지용은 적색을 사용하지 않는다.
③ 정지용과 비상정지용이 동일형상 동일치수일 경우 비상정지만을 적색으로 선정하고 정지용은 적색을 사용하지 않는다.
④ 급정지용과 비상정지용이 동일형상 동일치수일 경우 비상정지만을 적색으로 선정하고 급정지용은 적색을 사용하지 않는다.
이들의 사용 예는 그림2-4의 그림을 참조한다.

그림2-4 동일형상, 크기시 스위치의 색상식별

조작용 버튼을 표시하는 문자를 가입하는 방법도 따로 정해져 있는데 그 원칙은 표2-3를 기준으로 하고 좌측가로 쓰기로 표기한다.

표2-3 조작용버튼의 문자기입

<table>
<tr><th colspan="2">사 용 목 적</th><th colspan="3">문 자</th></tr>
<tr><td colspan="2">시 동</td><td>입</td><td>동</td><td>시 동</td></tr>
<tr><td colspan="2">정 지</td><td>절</td><td>지</td><td>정 지</td></tr>
<tr><td colspan="2">운 전</td><td colspan="3">운 전</td></tr>
<tr><td colspan="2">급 정 지</td><td colspan="3">급 정 지</td></tr>
<tr><td colspan="2">비 상 정 지</td><td colspan="3">비 상 정 지</td></tr>
<tr><td colspan="2">촌 동</td><td colspan="3">인 칭</td></tr>
<tr><td rowspan="2">구동되는 기계의 동작제어</td><td>정 전</td><td>정</td><td>정 지</td><td></td></tr>
<tr><td>역 전</td><td>역</td><td>역 전</td><td></td></tr>
</table>

버튼의 배열은 배치조건에 따라서 가로배열과 세로배열을 원칙으로 하는데 3개까지의 버튼 배열치를 전동기 조작용 일반 산업 기기 장치에 준용한 상태를 그림2-5와 표2-4에 나타내었다.

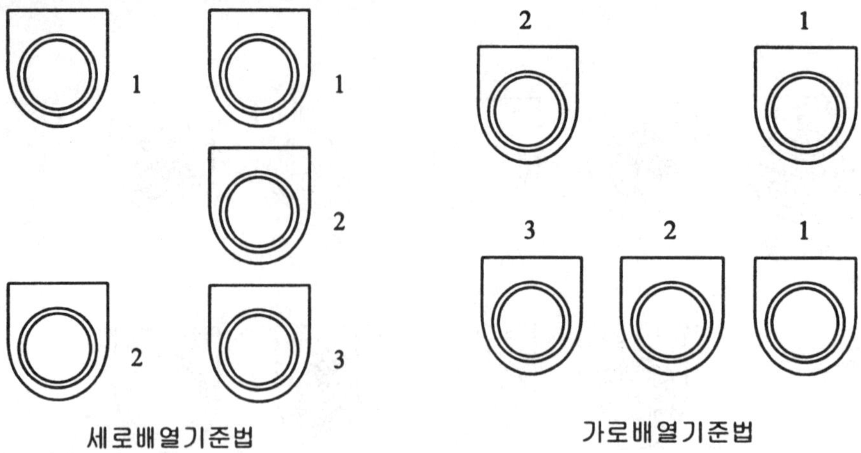

그림2-5 버튼의 배열

표2-4 버튼의 배열문자

버튼의 배열순서	1	2	3
문 자	일	절	
	동	지	
	정 지	정 지	
	시 동	정 지	급 정 지
	시 동	인 칭	정 지
	정 전	역 전	정 지

그리고 버튼의 종류는 여러 종류로 구분되는데 그 중에서 지금까지 살펴본 버튼들은 동작후 복귀형이었어나 누르고 난 후에 그대로 정지되고 그후 다시 누르거나 턴-온(TURN-ON)을 시켜야 다시 복귀하는 록크(ROCK)방식이 이용되는 경우도 있는데 이는 보통 비상 정지 목적의 스위치에 쓰인다.

또한 스위치의 종류별로 알아보면 좌. 우 또는 좌. 중. 우로 동작되는 선택스위치(selector s/w)를 들 수 있는데 이것은 자동. 수동의 선택 개념 또는 양쪽의 회로 중 한쪽의 회로를 선택하기 위하여 주로 사용이 되며, 선택스위치의 종류는 여러 가지의 형태와 여러 개의 회로로 구성이 된 것도 있다.

그림2-6 키 스위치/선택스위치/비상정지스위치의 외형

그림2-6은 키스위치(KEY S/W),비상정지스위치(E-STOP)와 선택스위치(SLECTOR S/W)를 보여 놓은 것이고 그림2-7은 각종 소형 스위치의 형태를 나타낸 그림이다.

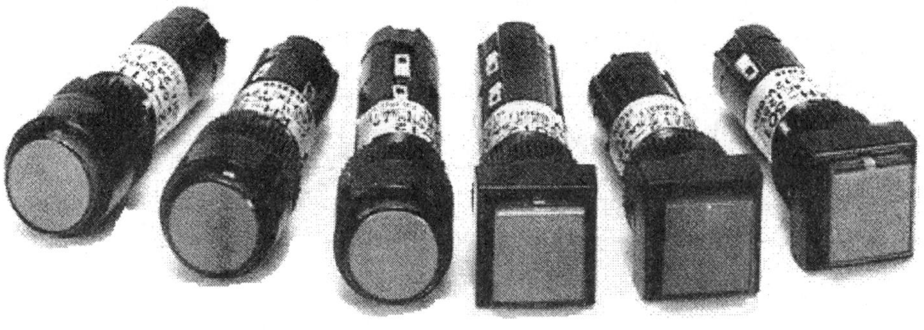

그림2-7 원형 및 정사각형 소형 스위치

그리고 버튼의 사용목적에 따라서 여러 가지의 크기로 구분이 되는데 사용 목적에 따라 16Φ, 22Φ, 25Φ, 30Φ 등이 많이 사용이 되며 각각의

Φ가 의미하는 것은 버튼을 조작반에 부착하기 위해서 가공하여야할 구멍의 크기를 대변하기도 한다.

나. 검출용 스위치

1.포토센서(Photo Electric Sensor)

1) 포토센서의 개요

검출용 센서에는 응용하는 매체에 따라 여러 가지로 구분되는데, 특히 “광”을 매체로서 응용하는 것을 포토센서(광전센서)라고 한다.

포토센서는 무 접촉식 검출방식으로 물체의 유·무, 통과여부 뿐만 아니라, 물체의 크기, 색상, 명암 등을 검출 하는 용도로 사용이 되어 지고 있다.

2) 포토센서의 검출형태

포토센서의 종류에는 검출방식에 따라서 구분이 되며, 크게 투과형, 밀러반사형, 직접반사형의 3가지 형태로 구분 되며, 검출물체 또는 검출환경, 검출거리에 따라 선정 방법이 달라진다.

①투과형 포토센서

투광기와 수광기를 동일 광축선 상에 서로 마주보게 설치해 두고, 그 사이를 통과하는 검출물체에 의해 광량(光量)의 변화가 발생하는 것을 검출하여, 출력하는 포토센서를 말한다.

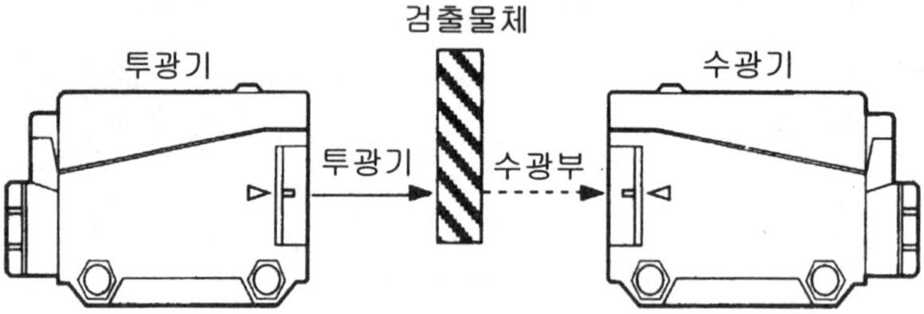

그림2-8 투과형 포토센서

②밀러 반사형 포토센서

투광부· 수광부가 일체로 된 포토센서와 반사 밀러 사이를 통과하는 검출물체에 의해 반사 광량의 변화가 발생하는 것을 검출하여 출력하는 포토센서를 말한다.

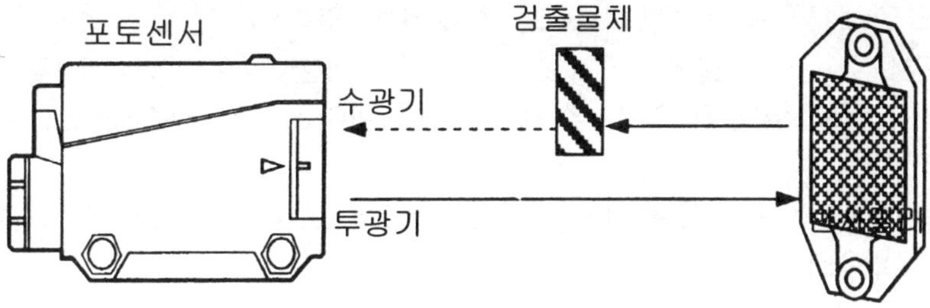

그림2-9 밀러 반사형 포토센서

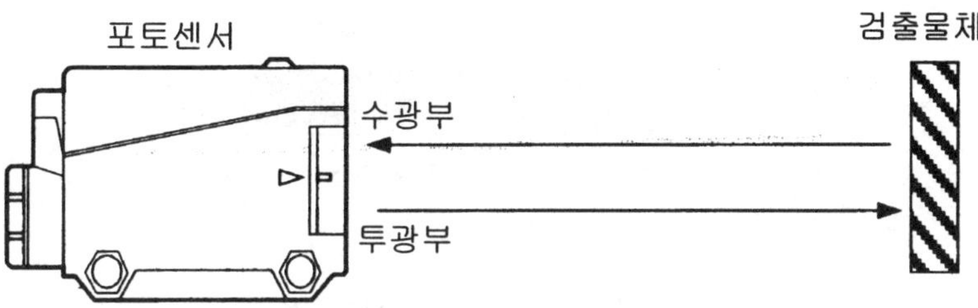

그림2-10 직접 반사형 포토센서

③직접 반사형 포토센서

투광부·수광부가 일체로 되어 있으며, 투광부로부터 투사된 광이 검출물체에 부딪혀서 반사된 광을 수광부가 직접 검출하여 출력하는 포토센서를 말한다.

3) 포토센서의 종류 및 용어

①발광 다이오드

CaAs(칼륨비소), CaAlAs(칼륨알루미늄비소), CaP(칼륨인) 등의 PN접합소자로 구성되어 있으며, 순방향 전류에 의해 적외광선 또는 가시광선을 방사한다.

그리고 포토센서에는 통상적으로 발광효율이 높고, 출력이 큰 적외발광 다이오드 (ILED)가 많이 이용되나, 용도에 따라서는 적색 또는 녹색 발광 소자가 이용되는 경우도 있다.

②포토 다이오드

포토 다이오드란 실리콘(Si)이나 게르마늄(Ge)의 PN접합에 의한 광기전력 효과를 이용한 광전변환 소자를 말하며, 광 신호를 검출하는 용도로 사용된다.

③포토 트랜지스터

광기전력 효과를 이용한 것으로 포토 다이오드와 비교하여 다른 점은 트랜지스터에 의한 증폭작용을 지닌 소자라는 것이다.

수광 감도가 높아 발광 다이오드의 광에 대한 감도 특성이 좋으므로 적당한 베이스(Base)전류로서, 수광 소자를 제어하기가 대단히 쉬운 특징을 지니고 있다.

따라서 이 소자는 포토센서의 수광소자로서 포토 다이오드와 마찬가지로 폭넓게 이용되고 있다.

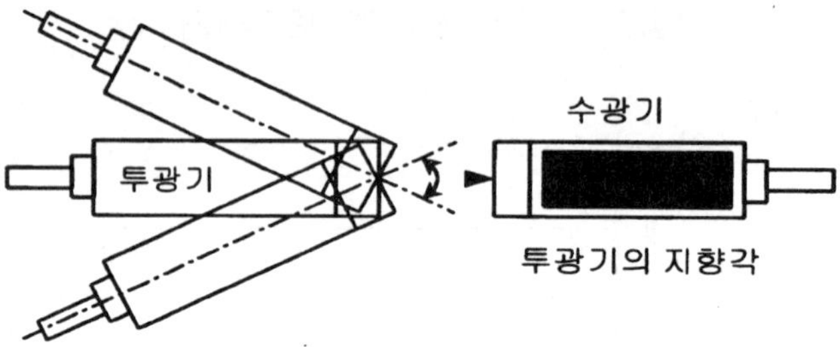

그림2-11 포토센서의 지향각

④검출물체

포토센서에 의하여 감지되는 물체를 총칭한다.

⑤지향각

포토센서가 검출물체를 감지하여, 검출동작이 정상적으로 일어날 수 있는 감도범위를 말한다.

⑥동작모드

◇입광동작(Light ON)-투광부로부터 나온 광선이 수광부에 전달(입광)될 때 출력개폐소자(Tr 또는 Relay)가 ON되는 동작방식.

◇차광동작(Dark ON)-투광부로부터 나온 광선이 수광부에 전달(입광)되지 않을 때 출력개폐소자(Tr 또는 Relay)가 ON되는 동작방식.

⑦응차거리(직접 반사형에만 적용)

포토센서의 동작지점과 복귀지점간의 거리 차를 말한다.

⑧응답시간

광 입력의 단속으로부터 제어출력이 동작(ON)혹은 복귀(OFF)하는데까지 지연시간을 말한다.

포토센서의 응답시간은 일반적으로 동작시간(ON)과 복귀시간(OFF)은 거의 같다.

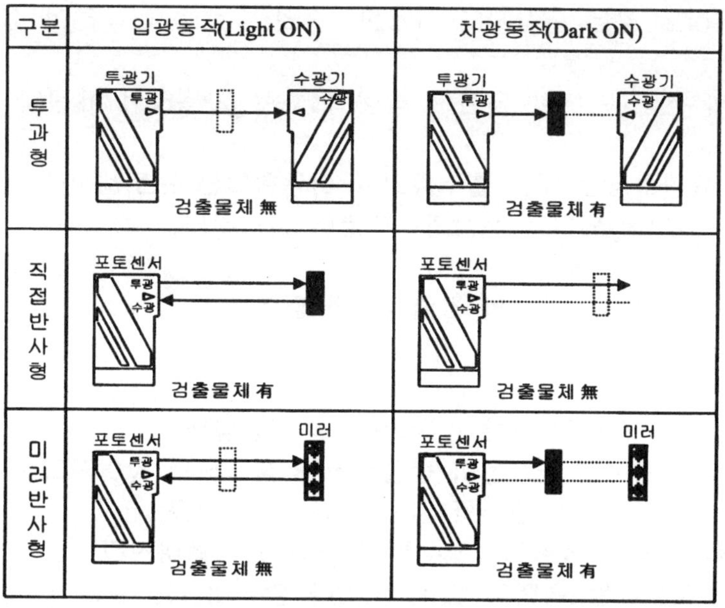

그림2-12 동작모드별 동작상태

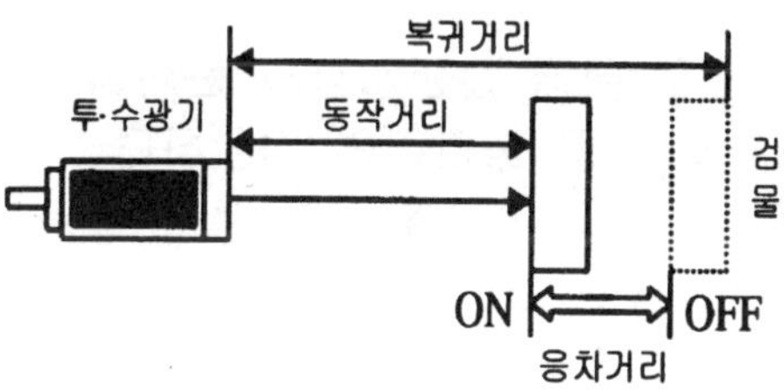

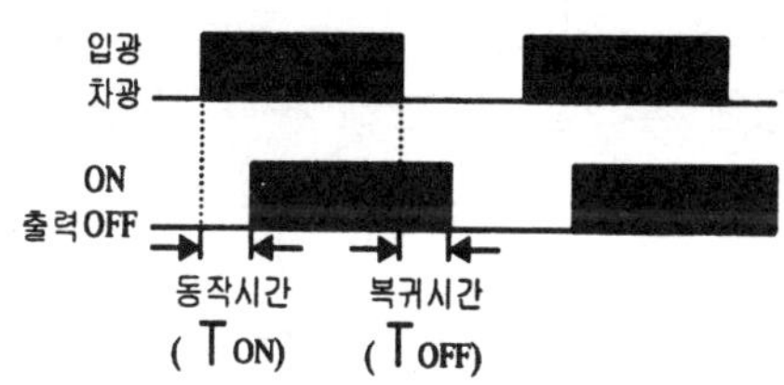

그림2-13 직접 반사형의 응차거리　　그림2-14 포토센서의 응답시간

4) 포토센서의 특징

①무접촉 방식으로 검출물체를 검출하므로 물리적 손상을 주지 않는다.

②검출물체의 표면 반사량, 투과량등 빛의 변화를 감지해 물체를 검출하는 방식을 사용하기 때문에 투명한 유리, 금속, 프라스틱, 나무, 액체등 다양한 물체를 검출할 수 있어서 검출의 제한이 극히 적다.

③검출의 매체를 빛을 사용하기 때문에 사람의 눈으로 인식이 불가능한 고속의 물체이동 등 고속도의 검출이 가능하다.

④포토센서에서 사용되는 변조광은 직진성을 가지고 있어며 파장이 짧아 물체의 크기, 위치, 두께 등의 검출이 가능하다.

⑤포토센서의 사용 환경 또는 검출물체에 대한 검출범위는 렌즈

Half-Mirror와 같은 광학제나 차광판, 슬리트 등을 이용하여 쉽게 제어할 수 있다.

⑥자기와 진동에 대한 영향이 빛을 매체로 사용하기 때문에 거의 받지 않는다.

⑦색의 특정파장에 대한 흡수효과를 이용한다면 포토센서에 수광되는 반사광량의 차이에 의하여 색상의 색별이 가능하다.

5) 직접 반사형 포토센서의 검출물체의 영역

검출 물체에 따른 검출거리의 차

6) 검출물체의 상태에 따른 검출거리 및 검출영역

①검출물체 표면의 반사율이 높을수록 검출거리는 길어진다.

②검출물체의 크기가 클수록 검출거리는 길어진다.

③반사율이 낮은 검출물체일수록 검출영역이 좁아진다. 그러나 백색 무광택지의 경우에는 광택이 있는 SUS나 알루미늄판 보다 반사율은 낮지만, 백지 표면의 난 반사에 의해 검출영역이 오히려 넓어지게 된다.

7) 포토센서의 설치

①광축 조정이나 감도 조정이 필요한 경우 취급 설명서상의 순서에 따라 조정한 후 설치하는데 보통 최대와 최저의 감도 중간이면 적당하다.

②검출물체나 그 외의 물체에 의해 포토센서가 파손될 가능성이 있을 경우에는 별도 보호 커버를 설치하여 포토센서를 보호한다.

③강한 외란광이 포토센서의 수광 LENS면에 직접 닿지 않도록 설치 장소나 설치각도에 특히 유의한다.

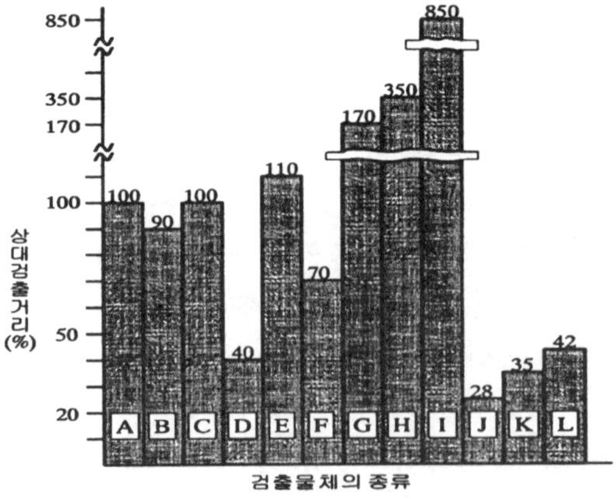

그림2-15 검출물체에 따른 검출 거리차

A:백색 무광택지(기준) B:자연색 포장박스(마분지, 골판지)
C:베니어판 D:흑색 무광택지(명도3)
E:자연색 베크라이트 판 / 아크릴판(흑색) / 비닐레자(적색)
F:비닐레자(등색) G:고무판
H:알루미늄판 I:반사판
J:10Φ녹슨 철봉 K:흑색포(수건)

그림2-15에서 상대 검출거리는 백색 무광택지에 대한 검출거리를 100으로 하였을 때 각 검출물체에 대한 검출거리의 비를 나타내고 있으며, 본 도표상의 상대 검출거리는 포토센서의 기종이나 대상물의 크기에 따라 다소 차이가 있다.

④2조 이상의 포토센서를 병렬로 설치하여 사용할 경우 설치간격이 너무 가까우면 센서 상호간의 간섭에 의해 오동작이 일어날 수 있으므로 주의한다.
⑤초음파 용접기 등의 고주파 기기에 사용할 때는 유도전류에 의한 오동작을 방지하기 위해 반드시 절연관을 사용하여 포토센서와 고주파기기 사이를 절연한다.
⑥케이블을 연장할 때는 되도록 굵은선 (0.3㎜-이상)을 사용하고, 특히 전압 강하에 대비하여 접속 후 납땜으로 마무리를 하거나 압착단자를 사용한다.
⑦일반적으로 포토센서는 기계나 설비에 설치되어 사용되는 경우가 많아, 강한 진동 또는 충격에 영향을 받기 쉬우므로 이에 대해 충분한 사전 검토와 다음과 같은 대책이 필요하다.
㉠포토센서 본체에 검출물체가 직접 부딪히지 않도록 설치한다.
㉡포토센서를 설치 할 때는 진동이나 충격에 의해 흔들리지 않도록 강한 재질의 받침대를 사용한다.
㉢고정용 브라켓과 볼트, 너트류는 확실히 조여준다.
㉣포토센서를 바닥면에 완전히 붙여 설치할 경우 반사광에 의해 오동작이 발생될 수 있으므로 바닥 면으로부터 적당한 높이의 받침 대를 사용하여 설치한다.
⑧포토센서의 LENS면이 이물질 등에 의해 오염되었을 경우에는 마른헝겊으로 가볍게 닦아내도록 하고, 신나계의 유기 용재는 렌즈의 커버가 프라스틱 재질이므로 절대 사용하지 말아야 한다.

8) 포토센서의 전원 및 노이즈 방지 대책(접지)

①사용 전원을 사용할 경우 노이즈 또는 전압 변동이 적은 전원을 사용하여야 하며 또한, 강전회로(고압선, 동력선)와 동력원 주변에서 사용은 피한다.

②고압선이나 동력선이 포토센서의 케이블 가까이 통과할 때는 오 동작이나 파손의 우려가 있으므로 단독 금속배관을 사용한다.

③검출 여유도를 충분히 갖도록 기종을 선정한 후 설치한다.

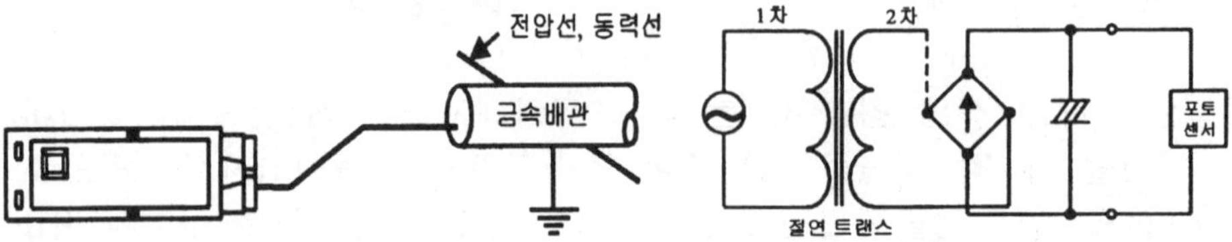

그림2-16 포토센서의 케이블배관도 / 17 포토센서의 직류전원설치

④렌즈의 지름(Φ)과 검출 대상물체의 크기를 반드시 확인하여 렌즈의 지름이 검출 대상물체보다 작은 센서를 선정해야 한다.

⑤Switching power supply를 전원공급 장치로 사용할 때는 그림2-18과 같이 Frame Ground(F,G)단자를 접지 시키고 0[V]와 F, G단자 사이에 노이즈 제거용 콘덴서를 필히 접속한다.

포토센서의 케이스 재질이 금속인 경우 정전기 및 노이즈 등으로 인한 오동작을 방지하기 위해 금속케이스를 필히 접지 한다.

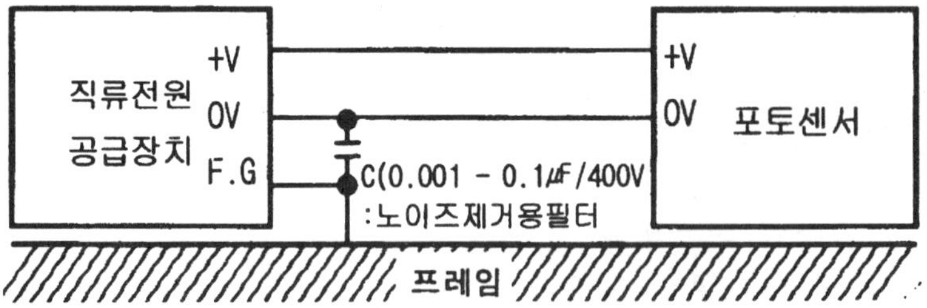

그림2-18 포토센서의 전원공급장치에 의한 전원 사용법

⑥전원선으로 ON/OFF동작을 시키지 말것.

⑦포토센서에 조작 전원을 투입하고부터 안정 동작을 얻을 시기까지는 통상 500mS 이상이 필요하다.

2.근접센서(PROXIMITY SWITCH)

1) 근접센서의 개요

근접센서(근접스위치)란 종래의 마이크로스위치, 리미트스위치의 기계적인 접점에 의한 것을 무 접점화 하여 검출 대상물의 유·무를 판별하는 검출기(스위치)이다.

①고주파 발진형 근접스위치

검출코일에서 발생되는 고주파 자계중에 대상물(금속)이 접근하면 전자유도 현상에 의하여 대상물(금속)에 와전류가 흐른다.

이 와전류는 검출코일에서 발생하는 자속의 변화를 방해하는 방향(렌쯔의 법칙)으로 발생하게 되어 내부 발진회로의 발진 진폭이 감쇠 또는 정지 하게 된다. 이 상태를 이용하여 대상물의 유·무를 검출한다.

특징으로는 반복 정밀도가 높고, 응답속도가 빠르다.(DC의 경우)

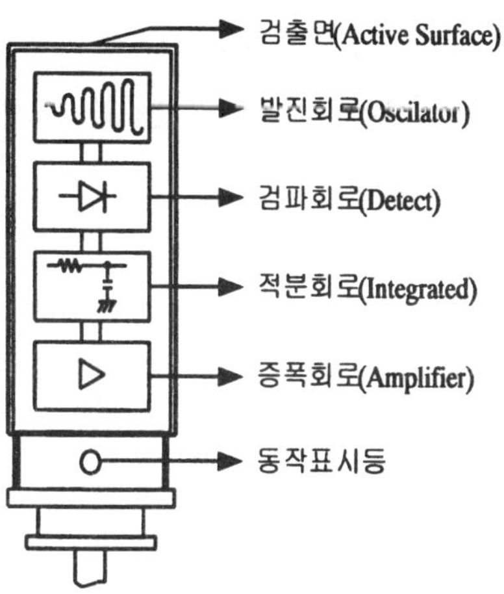

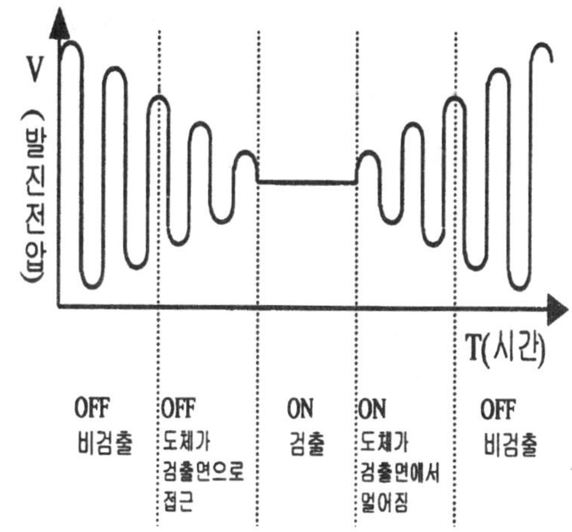

그림2-19 근접센서의 구조 그림2-20 고주파 발진형근접센서의 발진파형

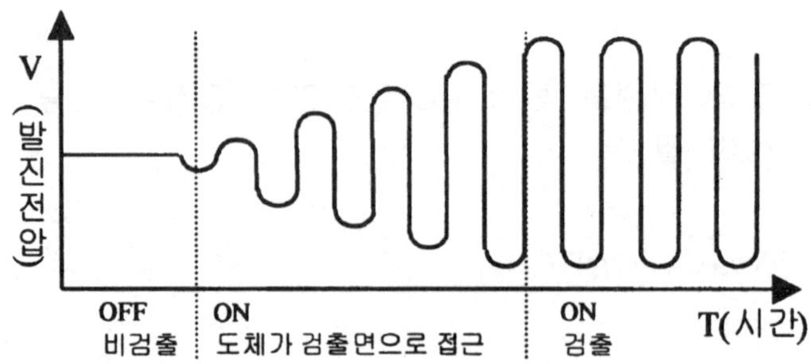

그림2-21 정전용량형 근접스위치의 발진파형

②정전용량형 근접스위치

검출 전극에 검출체(금속 또는 유전체)가 접근하면 검출 전극과 검출체 표면에 분극이 발생하여 대지간 정전용량이 변화하는 것을 이용하여 검출체의 유·무를 검출하며, 금속 및 비금속(물, 유리, 종이, 프라스틱) 등을 검출한다.

감지거리는 재질의 유전계수에 따라 차이가 나며 유전계수는 공기 1, 나무 6~8, 스티로폼 1, 유리 6~8 물 1 등이다.

2) 근접센서의 검출거리

①검출체가 검출 면에 접근하여 출력신호가 ON되는 점(Sn)

②각 기종의 검출거리(Sn)는 표준 검출체를 사용하여 얻어진 수치(각 기종 표준 검출체 참조)

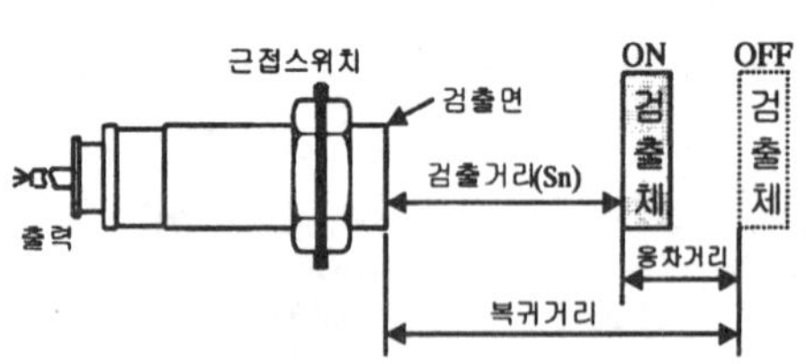

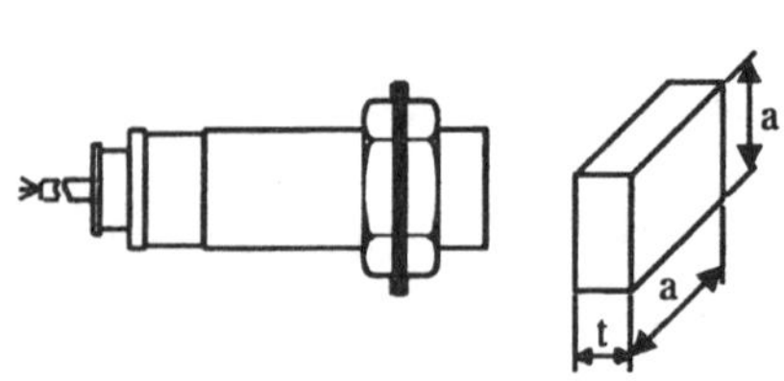

그림2-22 근접센서의 검출거리 2-23 근접센서의 표준검출체

3) 응차 거리

검출체가 검출 면에 접근하여 출력신호가 ON하는 점에서 검출체가 검출면에서 떨어지면서 출력신호가 OFF하는 점까지의 거리를 응차거리라 하고, 검출체가 천천히 접근하거나 검출체가 미세하게 진동함으로 해서 발생할 수 있는 센서출력의 떨림 현상(Chattering)을 방지한다.

4) 표준 검출체

기준 성능을 측정하기 위해 표준이 되는 검출체의 형태, 치수, 재질을 정한 규격이다.

5) 근접센서의 수평거리 설정법

그림2-24(a)와 같이 검출거리를 확인 후 그림2-24(b)와 같이 검출체의 설정거리(최대검출거리의 70%)이내로 이동시킨다.

6) 근접센서의 검출체에 두께에 대한 검출거리

규정된 표준 검출체의 재질을 비자성 금속으로 하여 두께를 변화시켰을 때 검출거리는 아래 그림2-25와 같이 변화한다.

①일반적인 고주파 발진형에서는 검출체가 비자성 금속(동, 알루미늄)이라도 두께 t=1㎜정도 되면 자성금속과 동일한 정도의 검출거리를 얻을 수 있다.

②자성 금속(철)에서는 두께 t=1㎜이상이면 검출거리의 변화가 거의 없다.

④렌즈의 지름(Φ)과 검출 대상물체의 크기를 반드시 확인하여 렌즈의 지름이 검출 대상물체보다 작은 센서를 선정해야 한다.

③그림2-25는 검출계: 알루미늄, 검출 근접 스위치: PR18-5DN을 사용한 예시 그래프이다.

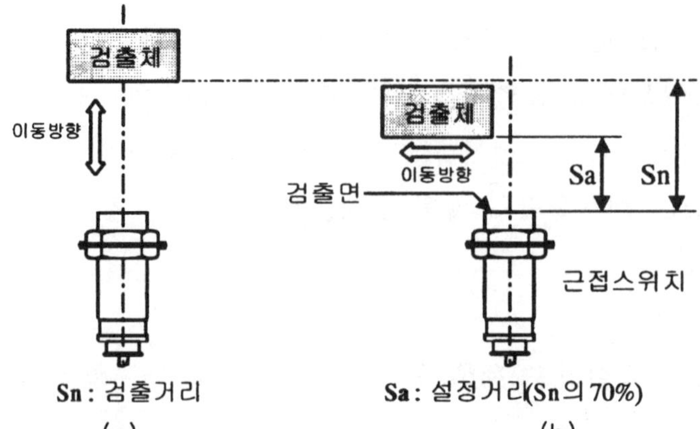

그림2-24 근접센서의 수평거리 설정

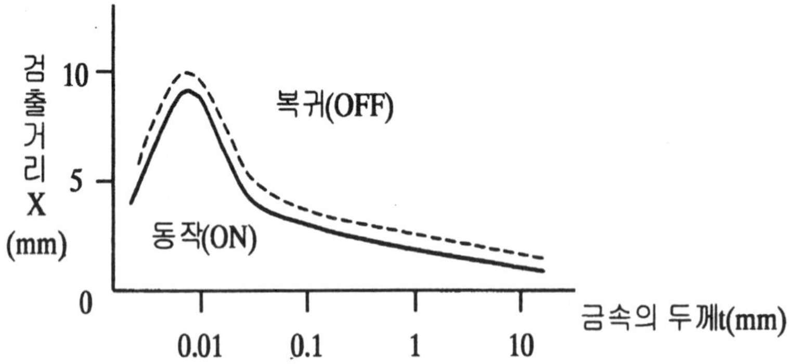

그림2-25 근접센서의 검출체에 두께에 대한 검출

7) 검출체의 재질에 따른 검출거리

표준 검출체의 재질에 따라 검출거리가 변화한다.

8) 검출체의 크기에 따른 검출거리

검출체는 정사각형의 금속판으로 두께를 일정(t=1㎜)하게 하고, 그 한 변의 길이 d(㎜)를 변화했을 때의 검출거리는 그림2-26과 같다.

검출거리는 검출체가 표준 검출체보다 클 때는 대부분 일정하나, 기종에 따라 위의 특성과 다를 수도 있다.

	검 출 거 리
철	100%
스텐레스	60%
황동	40%
알류미늄	30%
동(구리)	28%

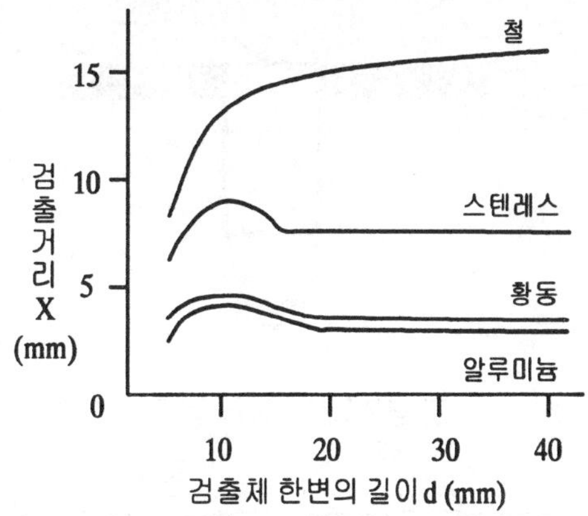

그림2-20 검출체에 대한 검출거리

9) 근접센서의 취부법

①매입형 취부(Shield형)

검출 면을 제외한 근접스위치의 대부분이 금속으로 둘러싸여 측면에서 접근하는 전기적 잡음으로부터 보호가 되는 타입으로 그림2-21처럼 검출면이 금속외장과 동일하게 취부가 가능하다.

②돌출형 취부(Non Shineld형)

매입형과 달리 검출면 가까운 부분의 둘레가 금속으로부터 보호되지 않는 까닭에 금속내부에 취부하기 위하여 특별한 주의가 요구된다.

그림2-22처럼 요면(ㅂ)부에 취부 시킬 때에는 근접스위치 직경의 3배 이상의 거리를 둔다.

③병렬 취부

여러 개의 근접스위치를 가까이 취부할 경우 근접스위치의 직경에 매입형은 2배 이상, 돌출형은 3배 이상의 거리를 둔다.

④마주보기 취부

근접스위치를 서로 마주보게 취부하는 경우 오동작하는 경우가 있으므로 그림7-25의 이격거리 보다 멀리 설치한다.

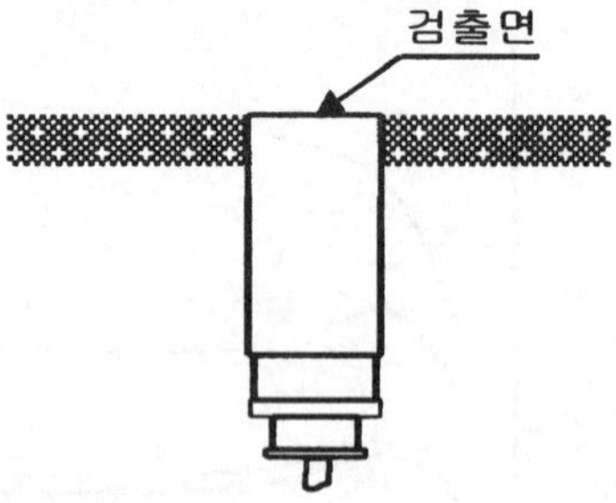

그림2-21 매입형의 설치

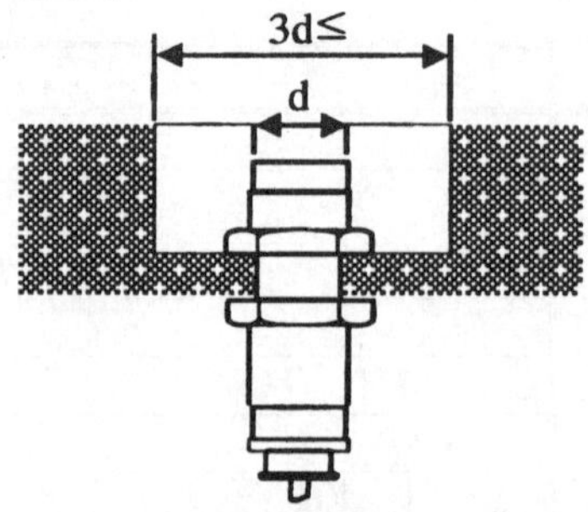

그림2-22 돌출형의 설치

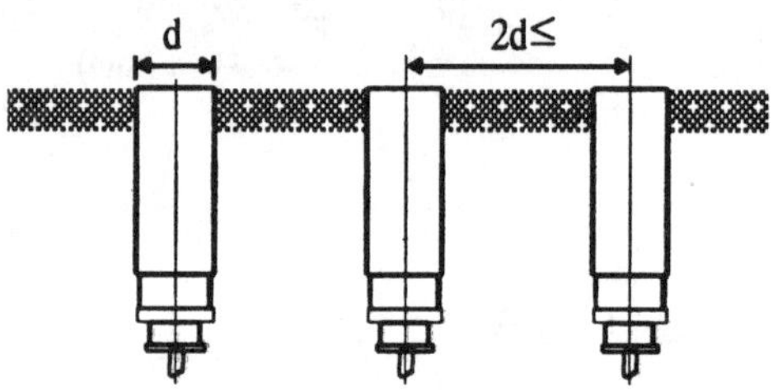

그림2-23 매입형의 병렬취부

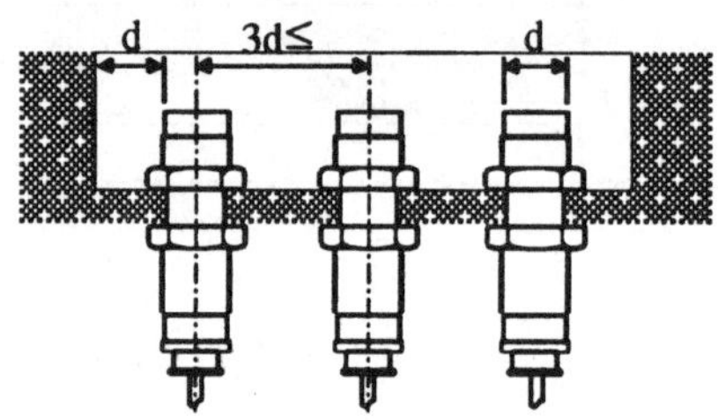

그림2-24 돌출형의 병렬취부

10) 근접센서의 응답주파수

검출체를 반복하여 근접시켰을 때, 1초 동안 오동작 없이 동작 가능한 가장 빠른 횟수를 말한다.(그림2-26)

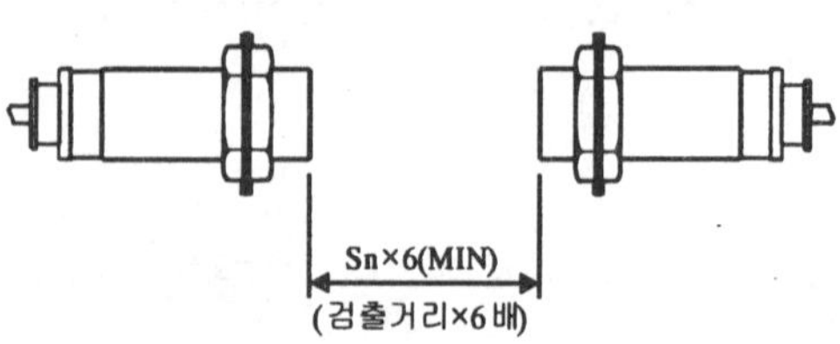

그림2-25 근접센서의 마주보기 설치

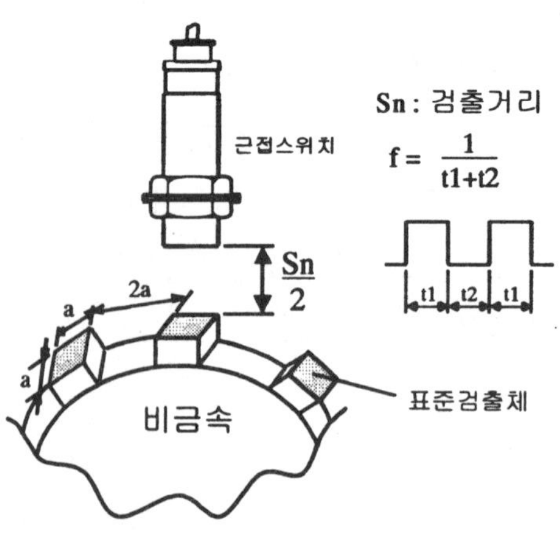

그림2-26 근접센서의 응답주파수

11) 직류출력형 근접 스위치의 접속

직류 개폐형 근접스위치의 출력 형식에는 NPN형과 PNP형 2가지가 있으며, 직접 파워 릴레이, 솔레노이드 전자카운터, PC(시퀀스)등의 직류 구동 부하를 개폐한다.

①직류형 근접센서의 직렬(AND)접속

직류 출력형 근접스위치의 AND접속은 근접스위치가 모두 동작하여야 부하가 작동한다.

AND접속시 근접스위치의 수는 근접스위치가 ON 되었을 때 잔류 전압의 합이 근접스위치의 동작 전압과 부하 구동 전압에 영향을 미치지 않을 정도까지 접속이 가능하며 NPN출력과 PNP출력형을 혼합해서 사용할 수는 없다.

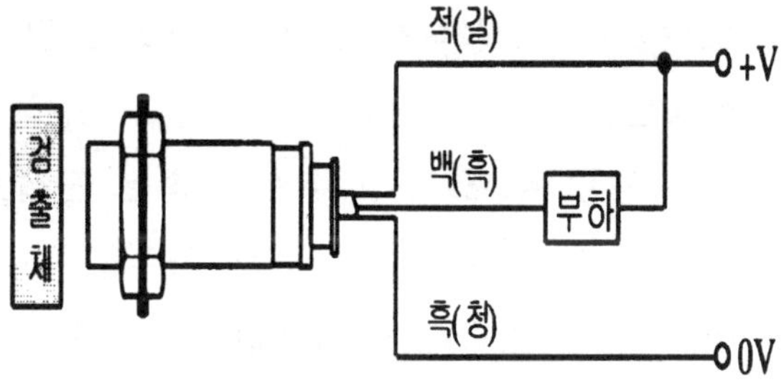

그림2-27 NPN 출력형 접속

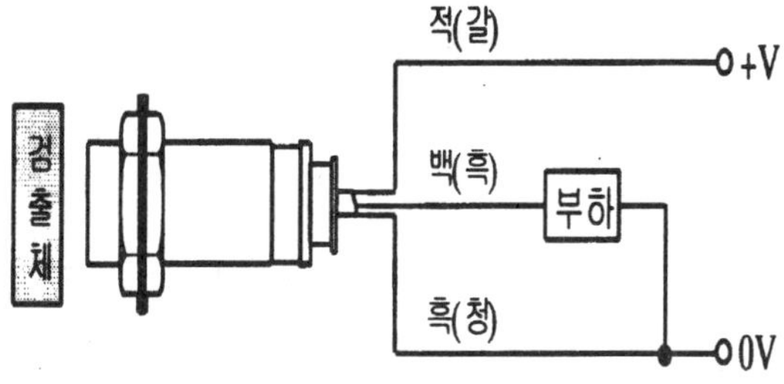

그림2-28 PNP 출력형 접속

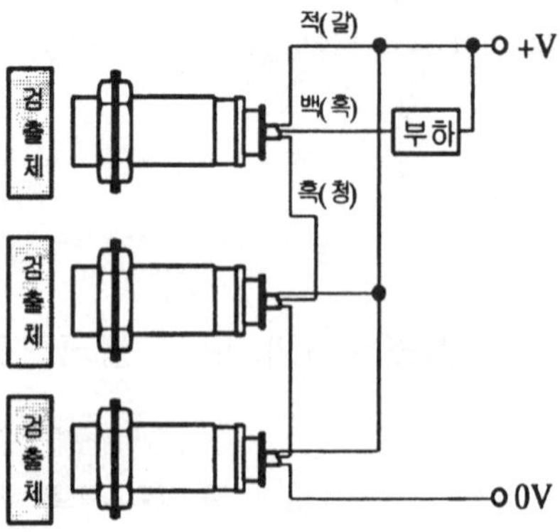

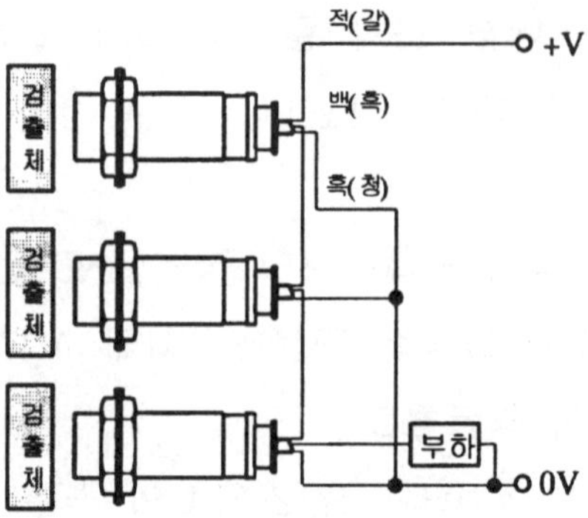

그림2-29 NPN출력형 AND접속　그림2-30 PNP출력형 AND접속

②직류형 근접센서의 병렬(OR)접속

직류 출력형 근접스위치를 OR접속하면 여러 개의 근접 스위치중 1개만 동작해도 부하가 작동한다.

OR회로로 접속하여 사용할 수 있는 개수는 접속된 근접스위치의 누설전류형이 부하에 영향을 미치지 않는 정도까지 다수를 연결하여 사용할 수가 있고, NPN, PNP출력형을 혼합해서 사용할 수 없다.

12) 교류출력형 근접 스위치의 접속

①교류형 근접센서의 직렬(AND)접속

원칙적으로 교류 출력형 근접스위치는 직렬 접속하여 사용할 수가 없으나, 2개의 근접스위치를 직렬로 하여 AND회로로 사용할 경우는 다음과 사항에 주의하여야 한다.

전원전압이 AC110V의 경우 아래 그림2-28과 같이 블리더 저항이 없으면 AND 동작이 되지 않는다. 그리고 AC220V의 경우 블리더 저항은 필요가 없다.

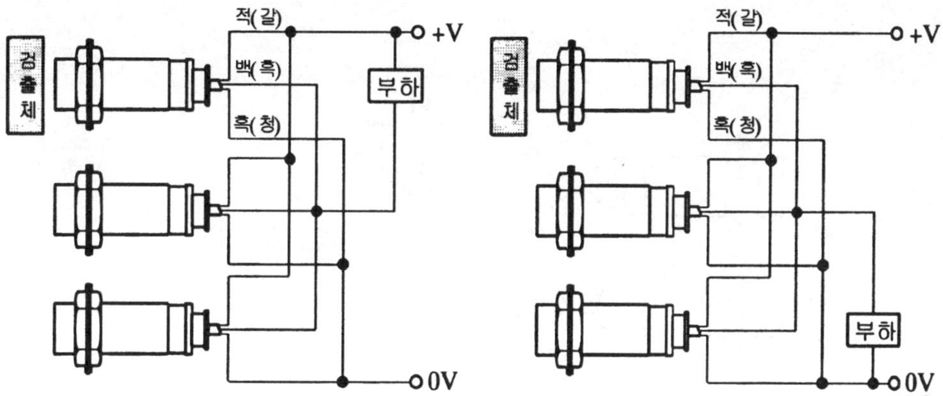

(NPN 출력형 OR 접속) (PNP 출력형 OR 접속)

그림2-31 직류형 근접센서의 병렬접속

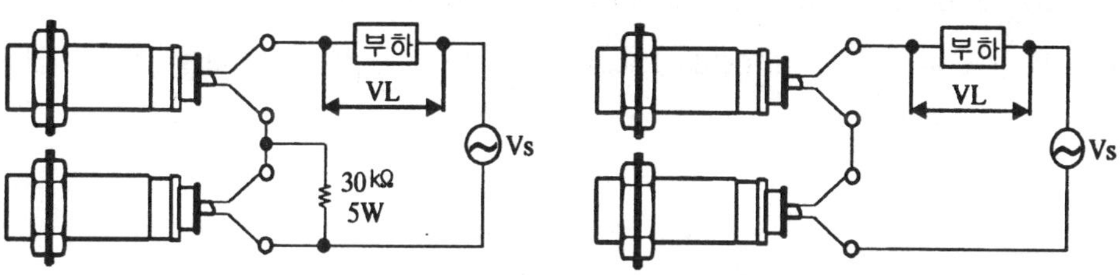

교류110V용 교류220V용

그림2-32 교류형 근접센서의 병렬접속

13) 부하 전원전압의 확인

직렬접속의 경우 부하 동작전압 VL 은 전원전압에서 근접스위치의 잔류전압을 뺀 전압이 되므로 VL = 전원전압 - (근접스위치 잔류전압 x 개수)가 된다.

예를 들어 Vs = 110V일 때 부하동작 전압 = 110 - (10 x 2) = 90V이

므로 AC90[V]에 동작하는 부하를 사용하여야 한다.

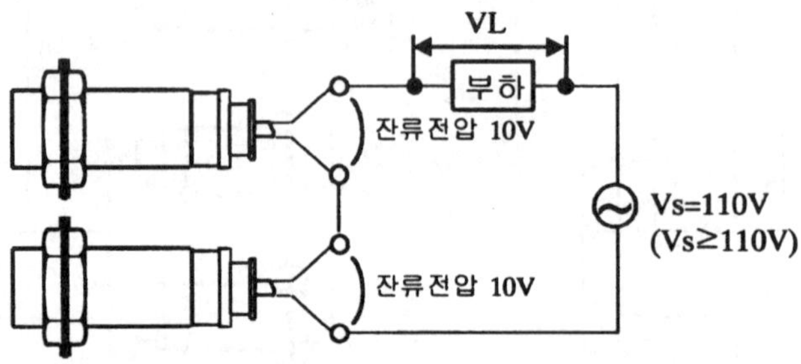

그림2-33 직렬접속의 부하 전원전압

14) 전원 및 부하접속

근접스위치에 전원을 직접 접속하면 내부단자가 파괴되고, 위험한 경우가 발생하므로 반드시 부하를 연결한 후 전원을 인가한다.(그림7-34)

15) PLC (Programmable Logic controller)와의 접속

PLC의 DC입력 모듈(Module)에 직류 2선식 근접 스위치를 직접 접속하면 된다.(그림2-35)

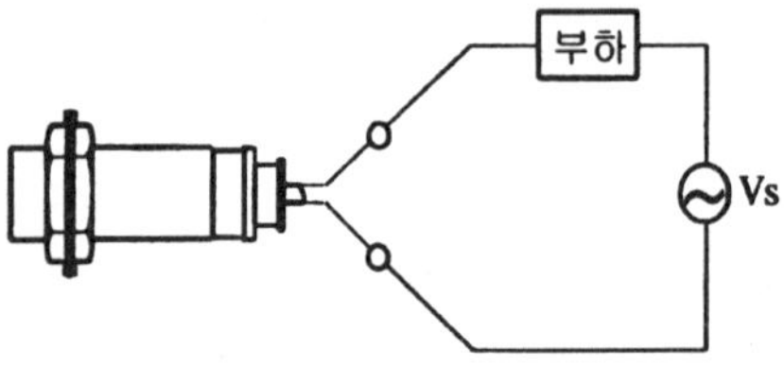

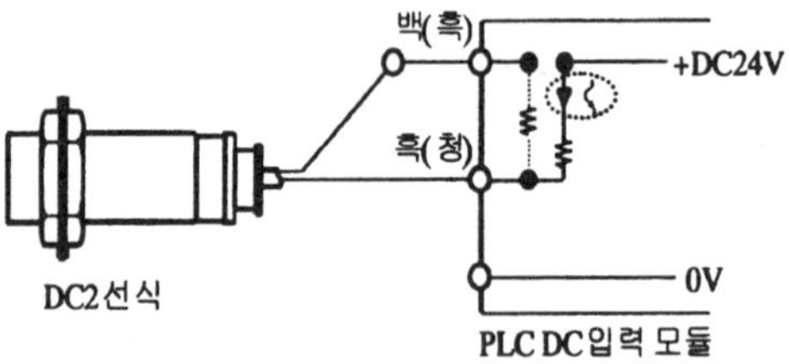

그림2-34 전원 및 부하의 접속법　그림2-35 PLC와 부하의 접속법

16) 직류 출력형 근접센서의 전원

직류 출력형 근접 스위치는 DC전원이 사용된다.

NPN, PNP형 근접스위치에 공급되는 전원의 리플 함유율을 최대 10%이하로써 이 허용치를 넘었을 경우에는 가능한 안정된 전원을 공급해야 한다.(그림2-36)100mA 출력 전류당 약 1000㎌의 콘덴서를 사용한다.

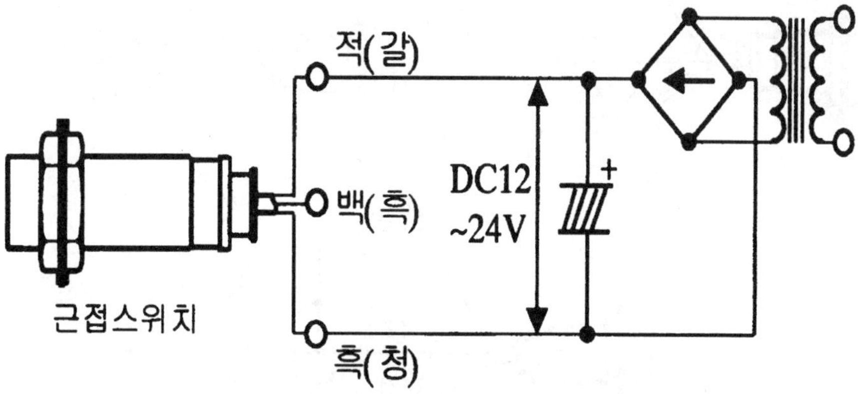

그림2-36 근접센서의 직류전원설치

17) 근접센서의 배선

근접스위치의 배선작업시 동력선, 고압선과는 다른 전선관으로 배관하고 동일 전선관의 사용은 피하도록 하며, 동일 전선관을 사용할 경우 오동작이 발생하게 된다.

케이블의 연장이 30m 이하의 경우는 0.3㎟이상의 케이블을 사용하고, 30m이상 연장할 경우는 도체 저항 100Ω/Km이하의 케이블을 사용하도록 하며 또한, 고속 응답시에 케이블을 길게 연장하면 출력파형이 찌그러질 경우가 발생할 수 있으므로 주의하여야 한다.

18) 근접센서의 콘덴서 부하

①직류 출력형 근접스위치의 부하에 콘덴서를 직접 접속하면 안되며, 전류 제한 저항 R은 피크(Peak) 전류가 근접스위치의 부하전류 이내가 되도록 설정하도록 한다.(그림7-37 (a))

②부하와 병렬로 콘덴서를 접속할 경우(그림2-37(b))

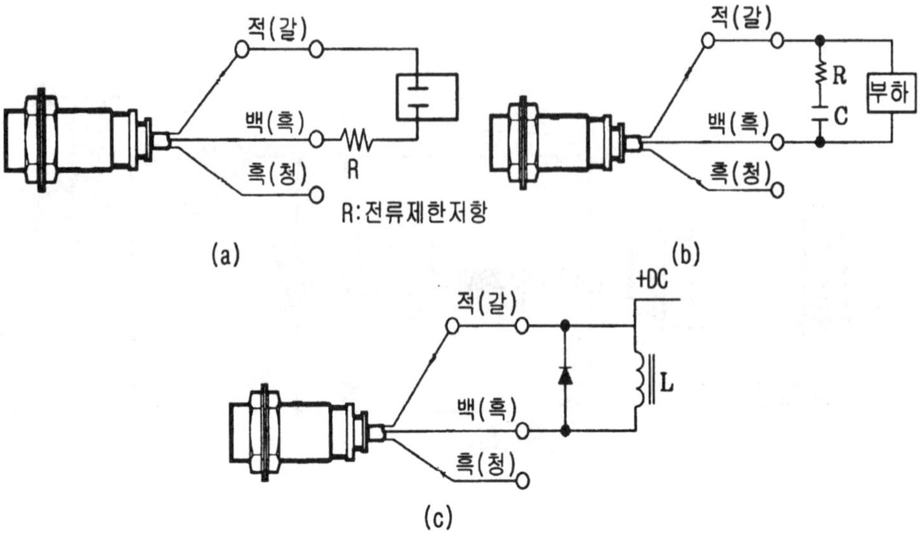

그림2-37 근접센서의 부하접속법

③유도성 부하(릴레이, 모터, 마그네트등)일 경우 부하와 병렬로 서지 흡수용 다이오드를 접속하도록 한다.(그림2-37(c))

19) 근접센서의 사용상 주의사항

①검출체 선정시 주의사항

검출체가 비자성금속의 경우에는 동작거리가 저하된다. 단, 두께가 0.01㎜정도의 금속인 경우는 자성체와 동일한 검출거리가 얻어진다. 그러나 증착막등, 극단적으로 얇은 경우나 도전성이 아닌 경우는 검출 되지 않으며, 그리고 검출체에 도금이 되어 있으면 검출거리가 변하는 것에 주의한다.

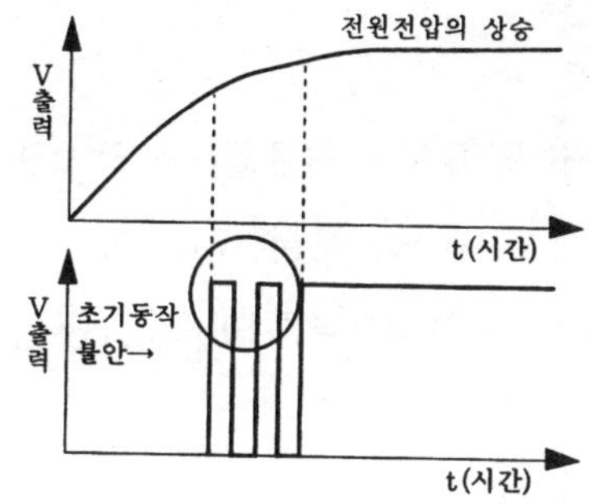

그림2-38 근접센서의 전원공급

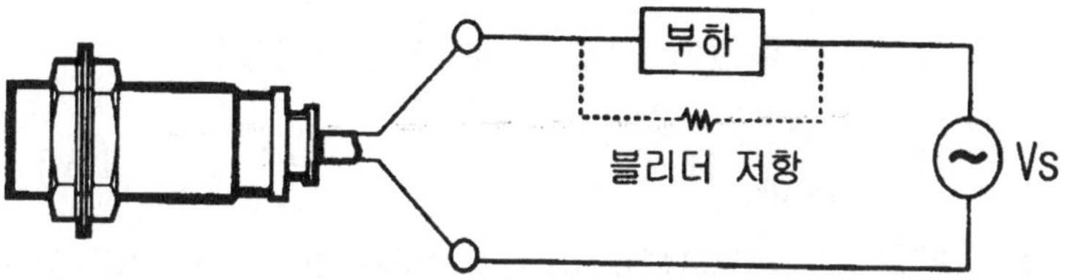

그림2-39 근접센서의 전원공급

②전원 투입시의 주의사항

·검출체를 제거한 다음 근접스위치에 전원을 공급하도록 한다.

·근접스위치 공급전원의 시정수가 너무 크면 초기 동작이 불안정할 수 있다.(그림2-38)

·교류 출력형 근접스위치의 공급전원에 노이즈를 포함한 전원을 투입하면 내부회로가 파손될 수 있다.(그림2-39)

③교류 개폐형의 주의사항

교류 개폐형의 사용에 있어서 부하의 선정시 다음과 같은 사항을 주의하여야 한다.

·서지 보호

근접스위치를 사용하는 근처에 큰 서지를 발생하는 장치(모터, 용접기등)가 있을 경우, 근접스위치에도 서지 흡수 회로가 내장되어 있지만 바리스터 등의 서지업소바(흡수소자)를 서지 발생원에 삽입하도록 배려하여야 한다.

·소비(누설)전류의 영향

근접스위치가 OFF시 일때도, 회로를 작동시키기 위해 약간의 소비전류가 흐르며, 이 때문에 부하의 작은 전원이 남아서 부하의 복귀불량이 발생하며, 사용 전에 이 전압이 부하의 복귀전압 이하로 되어 있는지를 확인하도록 한다.

·부하동작전류가 작을 경우

부하동작전류가 5mA이하일 때 블리더 저항을 접속하여 5mA이상 흘려 잔류 전압이 부하의 복귀전압 이하가 되도록 한다.

블리더 저항 및 허용전력 산출 식은 아래와 같다.

$$R = \frac{Vs}{5mA}\ [k\Omega] \qquad\qquad P = \frac{Vs^2}{R}\ [W]$$

그러나 여유를 주어 AC110V에서는 20㏀ 3W이상, AC220V에서는 39㏀ 5W이상을 사용하야 한다.

단, 발열에 의하여 문제가 될 경우는 표기된 W수 이상의 것을 사용하도록 한다.

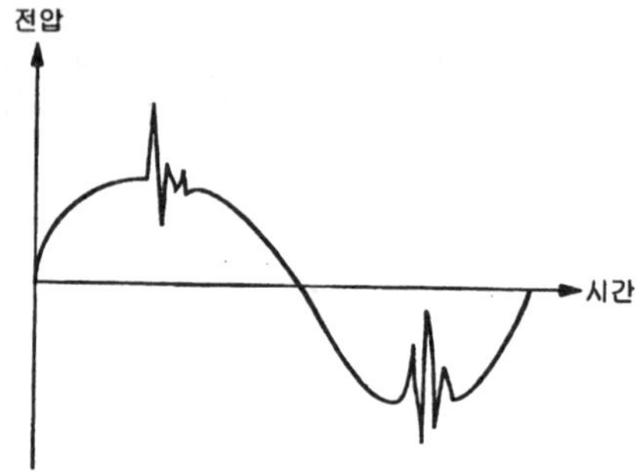

그림2-40 누설전류의 영향

·돌입전류가 큰 부하

부하에 돌입전류가 큰 부하(백열전구, 모터 등)를 연결하면 전원

투입시에 백열전구의 초기 저항이 낮으므로 큰 돌입 전류가 흐르게 되며, 일정시간 경과 후 백열전구의 저항이 높아져서 정상치의 전류가 흐르게 된다.

이런 경우, 전원 투입시의 과도전류로 인해 근접스위치가 파손될 수 있으므로 주의해야하며, 부득이 백열전구를 접속하여 사용할 경우에는 직렬로 전류제한 저항 R을 사용해서 근접스위치를 보호해주어야 한다.(그림2-41)

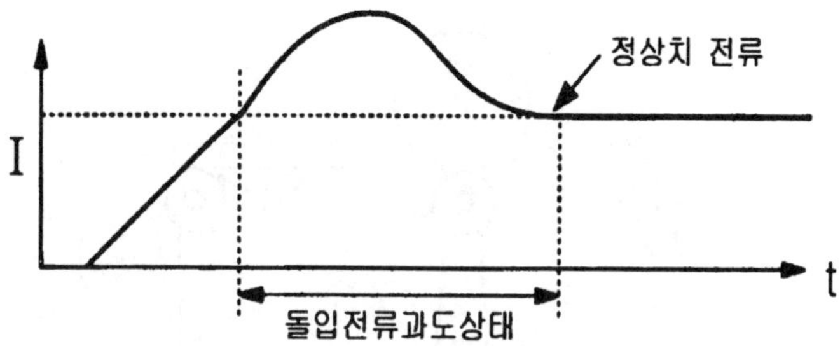

그림2-41 돌입전류가 큰 부하에 대한 과도상태

④보수 및 점검

근접스위치의 장기간 사용을 위해서 다음 항목을 정기적 점검을 하므로써 수명을 연장시킬 수 있으며 고장으로 인한 사고를 줄일 수 있다.

·검출체 및 근접스위치의 취부위치, 넛트의 풀림, 찌그러짐의 유·무

·배선, 결선 부분의 느슨함, 접속불량, 단선의 유·무

·금속, 분진 등의 부착여부

·검출거리의 이상 유·무

·사용온도조건, 주위환경의 이상 유·무

⑤주위환경

동작이 신뢰성과 수명을 유지시키기 위해 규정 외의 온도와 실외에서의 사용은 피해야하며, 근접스위치는 1P67(방습구조)로 된 보호구조 이기는 하지만, 직접 물이나 수용성 절삭유 등이 묻지 않도록 덮게

를 부착하여 사용하면 보다 좋은 신뢰성과 긴 수명을 유지 시킬 수 있다.
또한, 화학약품 특히 초산, 강알칼리, 산(초산, 크롬산, 물을 섞으면 많이 열을 내는 산등)이 있는 곳에서는 사용을 가급적 피한다.

3.리미트스위치 (LIMIT SWITCH)

1) 리미트스위치의 개요

검출 스위치는 제어 대상의 상태나 변화를 검출하기 위한 것으로, 이것은 위치, 액면, 압력, 온도, 전압 그밖의 여러 가지 제어량을 검출하는 데에 사용이 되고 있다.

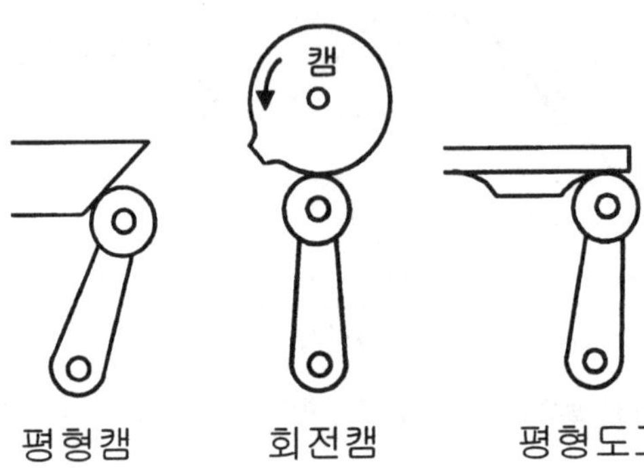

그림2-42 캠과 도그의 형태

그 중에서 가장 널리 사용되고 있는 것이 리미트스위치가 있는데 이 스위치는 접촉자에 어떤 물체가 닿을 때 접촉자가 움직여서 내부의 접점이 개폐가 되는 구조를 가지고 있다.

접촉되는 물체의 경사진 부분을 캠(Cam), 뾰쪽한 부분을 도그(dog)라 하는데 이중에서 캠은 정해진 위치보다 더 진행한 것인지 부족한 것인지를 검출하는 방식과 회전수를 측정하는 방법에 응용되는 방식으로 나눌 수 있으며, 도그는 정해진 위치에 있는지 또는 없는지를 검출하는 방식의 것이다.

2) 대형 리미트스위치

대형의 리미트스위치는 주먹의 반 크기만한 리미트스위치로 주로 사용되는 범위는 대형의 기계구조물의 제어부에 가장 보편적으로 사용이 되고 있으며, 리미트스위치의 외형은 금속 또는 주물로 이루어져 있기 때문에 기계적 강도를 요하는 곳에 주로 사용이 되고 있다.

표2-5 엑투레이터의 형명 및 명칭과 모형

형 명	엑투레이터의 종류		최대 동작각도
	분류명	모형	
L1T3L2(KH-8010S)	고정롤러레바형		좌우 90。 이하
L1T3L3(KH-8010C)	조절롤러레바형		좌우 90。 이하
L1T3L4(KH-8010R)	조절롯트레바형		좌우 90。 이하
KH-8010SL	롤러레바램프형		좌우 90。 이하
L1T3F1(KH-8010L)	양레바걸림형		좌우 90。 이하
KH-8010LR	고정큰롤러레바형		좌우 90。 이하
L1T3S1(KH-8010SR)	코일스프링형		무 방향성
L1T3P2(KH-8010PR)	푸쉬롤러형		상 하

리미트스위치는 접촉자 즉, 엑투레이터는 여러 종류로 구분이 되는데 일반적으로 롤러레버형, 사다리형, 양레버 걸림형, 큰롤러레버형, 코일스프링형, 푸쉬롤러형으로 구분이 되면 표2-5에 그 모형과 세분화된 명칭을 설명하였다.

그림2-43 대형리미트 스위치의 종류

3) 리미트 스위치의 종류와 사용구분법

①고정롤러레버형

고정롤러레버형은 기계구조의 유동이 없고 저속 또는 기계적 강도 즉, 리미트스위치를 동작시키는 강도가 비교적 강한 곳에 적용이 되고 있다.

②조절롤러레버형(사다리형)

일명 사다리형이라고 칭하기도 하고 검출되는 부분이 가변이 이루어지는 곳 또는 저속의 상태와 리미트 스위치의 동작강도가 비교적 약한 곳에 적용이 되고 있다.

③롯트레버형

조절 롯트 레버형은 롤러형의 모형에서 롤러를 제외하고 대신 두꺼운 강철선을 검출단으로 사용하고 있으며 보편적으로 철선의 길이를 길게 하여 지렛대 역할을 이용 적은 압력에도 감지를 할 수 있게 하는 곳에 적용이 되고 있다.

④양 레버 걸림형

고정 롤러 레버형의 검출단을 90°의 각도로 유지를 하여 검출단이 제작되어 있으며 한 곳의 위치에서 좌우 또는 상하를 한곳에서 검출할 수 있도록 하는 곳에 적용이 된다.

⑤큰 롤러 레버형

도그 및 캠의 크기가 보편적으로 큰 곳에 사용이 되고 ①~④번까지 는 리미트가 보편적으로 기계의 몸체에 부착이 되지만 큰 롤러 레버형의 경우 움직이는 기계에 부착하여 사용되는 경우도 흔히 있다.

⑥푸쉬롤러형

다른 기종은 검출 단의 헤드가 좌우로 움직이는 방식을 사용하는데 푸쉬롤러형은 상하로 동작이 이루어지고 있다.

푸쉬롤러형은 레일 등에 부착되어지고 있으며, 평형으로 이동하는 장치에 사용이 되어지고 있다.

⑦양레버 걸림형의 분류

양레버형의 모형에 따라서 A조부터 D종까지로 보편적으로 구분이 되 는데 검출단의 모형(캠, 도그)에 따라서 알맞은 형태를 선별하여야 한다. 그림11-3은 양 레버형의 모형을 형별로 표기한 것이다.

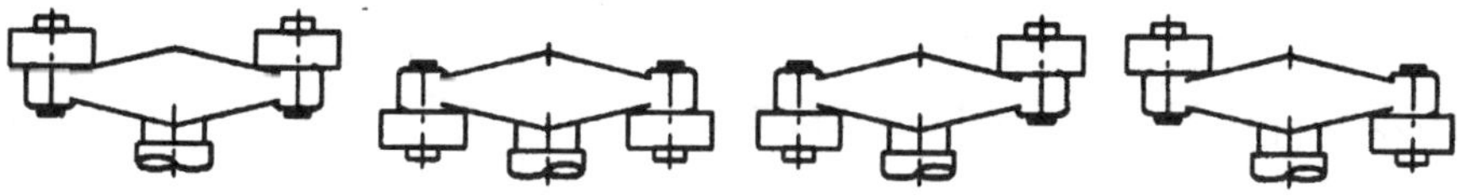

KH-8010LA kH-8010LB KH-8010LC KH-8010LD

그림2-44 양레버 걸림형의 레버의 형별

4) 캠과 도그의 가공 및 설치

캠과 도그의 형태 및 설치에 대하여 올바로 설치되지 않으면 오동작을 발생시킬 수 있는 경우가 있으므로 캠과 도그의 가공 시에는 돌출부(캠 도그)가 너무 각이 지거나 표면이 거칠지 않게 가공을 하고 리미트를 설치하였을 경우에도 롤러가 검출체의 정 중앙 또는 롤러의 바퀴가 $\frac{2}{3}$정도 이상이 검출되도록 한다.

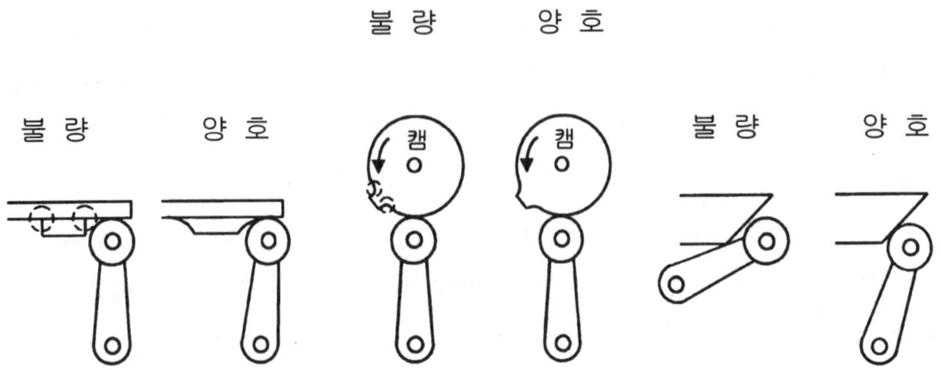

그림2-45 캠과 도그의 가공 및 설치

표2-6 소형리미트 스위치의 엑투레이터

리미트 형명	엑투레이터 형명	모 형
KH-8005-S	롤러 레버형	
KH-8005-C	롤러 조절레버형	
KH-8005-R	롯트 레버형	
KH-8005-P	푸쉬 플렌저형	
KH-8005-PR	롤러 플렌저형	
KH-8005-CPR	크로스 롤러플렌저형	
KH-8005-SR	코일 스프링형	

4.소형리미트스위치(MINI LIMIT SWITCH)

소형리미트스위치는 기계적기구류가 소형의 것에 주로 사용이 되고 있으며 저 장력의 상태에 주로 적용이 되고 있다.

대형에 비하여 엑투레이터와 몸체가 소형으로 이루어진 것 이외에는 용도는 대형과 같이 쓰이고 있어서 차이점이 없다고 말할 수 있다.

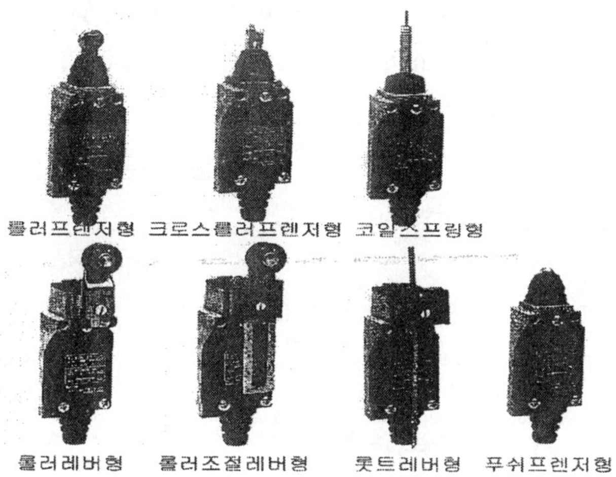

그림2-46 소형 리미트 스위치의 종류

5.마이크로스위치

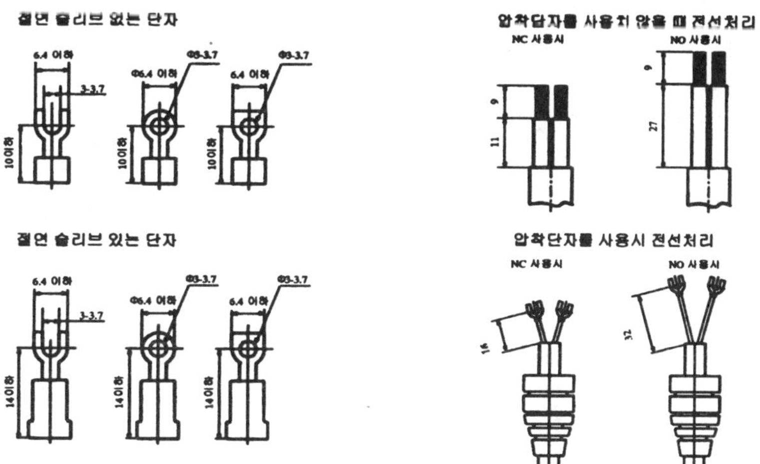

1) 소형리미트 스위치의 단자처리

마이크로스위치라 칭하여 지는 것들은 손가락 2개의 크기부터 엄지 손톱 만한 크기의 리미트스위치를 칭하는데 보편적으로 판널에 취부하는 방식이 주로 사용이 되고 있으며, 최근에 들어서는 응용범위가 상당히 많아졌는데 기계 기구류의 소형과 복잡함이 더해 감으로써 발생된 현상이라고 볼 수 있다. 표21-7는 마이크로 스위치의 엑투레이터의 모형과 명칭을 표기한 것이다.

또한 마이크로스위치의 응용으로는 각종 버튼(Push Buton)스위치 및 발판 스위치 (FOOT SWITCH)에 적용이 되고 있다.

구 분	엑투레이터의 종류		비 고
	분 류 명	모 형	
KH-9015-(F)	스프링스텐더누름버튼형		
KH-9015-PB(L)	판널부착형		
KH-9015-RP	롤러판널부착형		
KH-9015-PB(S)	스프링숏누름버튼형		
KH-9015-HL	힌지레버형		
KH-9015-HL(L)	힌지장레버형		
KH-9015-HP	힌지특수레버형		
KH-9015-HR(L)	힌지롤러장레버형		
KH-9015-HR(M)	힌지롤러중버형		
KH-9015-HR(S)	힌지롤러단버형		

표2-7 마이크로 스위치의 엑투레이터 모형 및 명칭

표2-4 리미트스위치의 적용전선

<table>
<tr><th>전 선 명</th><th>비닐캡타이어코드(VCTF)</th><th>외 경</th></tr>
<tr><td>심 신</td><td>도 체</td><td rowspan="10">환형 6m/m~9m/m

평형(장원형)
장경 9.4m/m이하</td></tr>
<tr><td>2 심
3 심</td><td>0.75㎟/1.25㎟/2.0㎟
0.75㎟/1.25㎟</td></tr>
<tr><td>전 선 명</td><td>비닐 캡타이어 케이블(VCT)</td></tr>
<tr><td>심 신</td><td>도체</td></tr>
<tr><td>2 심</td><td>0.75㎟</td></tr>
<tr><td>전 선 명</td><td>600V 비닐 절연
비닐시스케이블(VVF)</td></tr>
<tr><td>심 선</td><td>도체</td></tr>
<tr><td rowspan="2">2 심</td><td>1.0m/m / 1.2m/m</td></tr>
<tr><td>1.6m/m</td></tr>
</table>

2) 리미트스위치의 사용상 주의사항

①구조상 유중, 수중에서는 사용을 하지 말며, 또한 평상시 물이나 기름 등이 묻기 쉬운 곳이나 심하게 먼지가 쌓이는 곳에서는 사용을 자제한다.

②각종 유기용제, 강산, 강 알카리성 액체나 증기가 닿는 곳 인화성 기체 부식성 가스의 분위기에서는 사용을 자제한다.

③주위온도 -20℃ ~ +60℃ 범위 내에서 사용한다.

④커버는 부착나사가 모두 균일한 토크로 체결한다.

⑤연결 코드 선은 팽팽한 상태 또는 길게 사용하는 것을 피하고 선의 처리는 간결하게 한다.

다.자동제어용 접점(contact)

회로의 개폐 기능을 갖춘 기구를 일반적으로 접점(contact)이라 하며, 이에는 a접점, b접점, c접점이 사용되고 있다.

1) a 접점에 대해서

보통은, 열려 있는 접점으로, 지령이 주어지면 접점이 닫히는 것으로 이름은, arbeit contact (일하는 접점)의 머리 문자에 유래하며. 평소 열려있는 접점이라고도 부fms다.

동작 : 누르는 보턴 스위치(switch)의 경우

누르지 않을 경우에 접점이 열려 있어며, 눌렀을 경우에는 접점이 닫히는 것을 말한다.

2) b 접점에 대해서

보통은, 닫혀 있는 접점으로, 지령이 주어지면 접점이 열리는 것으로, 이름은, brake contact (도중에 끊어지는 접점)의 머리 문자에 유래하며. 평소 닫혀있는접점이라고도 부른다.

동작:누르는 보턴 스위치(switch)의 경우

누르지 않을 경우에는 접점이 닫있고, 눌렀을 경우에는 접점이 열리는 것을 말한다.

(3)c접점에 대해서

a접점과 b접점을 서로 조합한 형태의 접점으로, 지령이 주어지면 a, b접점이 서로 바뀌어 지는 형태의 접점을 말한다.

동작:누르는 보턴 스위치(switch)의 경우

누르지 않을 경우에 위쪽(또는 아래쪽)은 b 접점으로 닫고 있고, 아래쪽(또는 위쪽)은 a 접점으로 열려있으며, 눌렀을 경우에는 반대로 위쪽(또는 아래쪽)은 a 접점으로 열리고, 아래쪽(또는 위쪽)은 b 접점으로 닫히는 형태의 접점을 말한다.

2-2-2. 제어용 부품

논리동작과 연산을 수행하는 부품으로 부하의 기동 정지등 시퀀스 회로에서 중심 역할을 하는 기기로 전자 계전기(elector-magnetic relay), 전자 개폐기(elector-magnetic contactor), 타이머(timer), 카운터(Count)등이 있으며 개개의 특성은 다음과 같다.

가. 전자개폐기, 전자접촉기

1) 전자개폐기, 전자접촉기의 개요

교류전자개폐기, 전자접촉기는 주회로가 주파수 50Hz 또는 60Hz로, 600V이하의 전기회로에 사용되며, 전자석에 의해 부하를 개폐하는 목적으로 사용이 되며, 또한 전기회로의 빈번한 개폐에 견딜 개폐부와 과부하 계전기를 갖추고 조작개폐기에 의해 조작되는 개폐기를 말한다.

표2-5 정격 사용 전압

정격사용전압 [V]							
100	110	200	220	400	440	500	550

개폐기만의 경우는 전자접촉기 라고 하여 특성이 규정되어 있는데, 주회로의 정격 사용 전압을 표2-5에 표시하였다.

또한 조작회로의 정격 사용 전압은 표2-6과 같으며, 특히 교류전압 400V이상은 가급적 사용하지 않는 것으로 한다.

표2-6 조작회로의 정격 사용 전압

교류. 직류별	정격사용전압 [V]							
교류 조작	-	-	100	110	200	220	(400)	(440)
직류 조작	24	48	100	110	200	220	-	-

(　)가 붙은 값은 가급적 사용하지 않는 것으로 한다.

전자개폐기, 전자접촉기에서 주의하여야할 사항은 조작 코일의 전압으로 소 용량인 것은 50Hz, 60Hz 단자가 공용인데 반해, 용량이 증가하면 코일 단자는 50Hz용 및 60Hz용 단자가 각각 설치된 3단자 또는 4단자의 것이 있다. 따라서, 배선을 할 때 접속할 단자에 각별히 주의할 필요가 있다.

만약 배선을 잘못하면 50Hz의 단자에 60Hz의 조작전압을 가해 동작시키면 여자전류가 감소하여, 전압 변동 등으로 전압이 낮아진 경우 전자석이 충분히 흡착하지 않는 상태가 생겨 접점이 용착 하거나, 또는 이상 소모되고 투입 전류가 길게 이어져서 코일의 온도가 상승한다. 심한 경우에는 코일이 소손 되기도 한다.

반대로 60Hz의 단자에 50Hz의 조작전압을 가하면 여자전류가 증가하며, 특히 고 전압이 되면 전자석은 투입시 충격이 켜져서 전자석의 철심을 상하게 하거나 몰드 부품이나 프레스 부품 등의 피로도가 켜져 금이 가거나, 또 접점은 강한 충격으로 점프가 증가하여 전동기의 시동전류를 개폐할 때 접점의 이상 소모나 심한 경우에는 용착하는 사고가 일어나기도 한다.

사용할 전원의 주파수가 다르면 이상과 같은 사고가 일어날 우려가 있어서 코일의 단자 표시에는 충분한 주의가 필요하다.

또한, 기구 구조상 일어나기 쉬운 고장은 전자석의 철심 사이에 먼지 등의 이물이 부착하거나, 또 철심의 표면에 녹이 발생한 경우나, 그림 2-47에 표시한 셰이딩 코일의 단선이나, 셰이딩 코일이 탈락할 경우에 전자석은 맥놀이음(가동부가 덜덜거리며 떠는 음)을 발생한다.

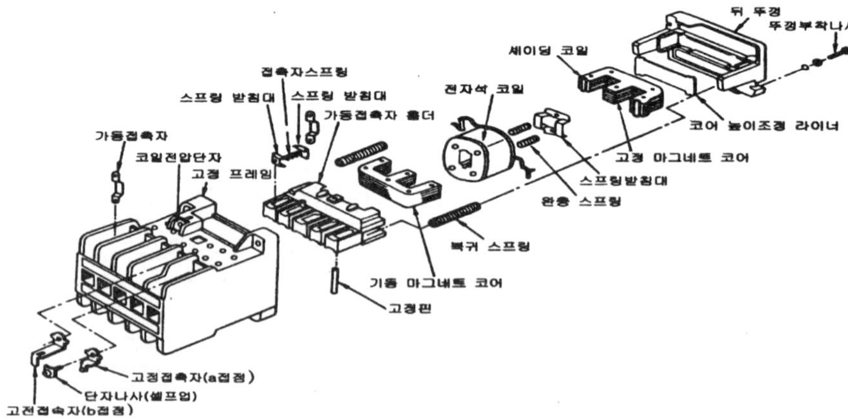

그림2-47 전자접촉기의 내부 구조

2) 전자개폐기와 전자접촉기의 선정 및 사용법

시퀀스 제어회로의 주 회로에 사용하는 전자개폐기는 전자접촉기와 열동형 과전류계전기(써머 릴레이)를 조합한 것으로, 교류전자개폐기라고 하며, 그 특성이 정해져 있으며 이들 특성을 표2-7~표2-9에 표시하였다.

교류전자 개폐기의 정격용량은 전동기용의 경우, 정격용량 및 정격 용량에 의한 전부하 전류의 값은 표2-10에 표시한 값으로 하고, 특정한 기기 전용 개폐기의 전류치는 그 기기에 사용되고 있는 전동기의 전부하전류치를 기준으로 한다.

또, 저항부하인 경우에는 저항부하용으로서의 정격사용전압에서의 최대 적용 저항부하의 용량 [KW]에 의한다.

표2-7 교류전자개폐기의 차단전류 및 폐로전류에 의한 급별

급 별	대표적인 적용 예
AC0	기동저항의 단락
AC1	비유도성 또는 소유도성의 저항부하의 개폐
AC2B	1) 권선형 유도전동기의 기동 2) 운전 중인 권선형 유도전동기의 개방
AC2	1) 권선형 유도전동기의 기동 2) 권선형 유도전동기의 플라킹 3) 권선형 유도전동기의 인칭
AC3	1) 농형 유도전동기의 기동 2) 운전 중인 농형 유도전동기의 개방
AC4	1) 농형 유도전동기의 기동 2) 농형 유도전동기의 플라킹 3) 농형 유도전동기의 인칭

표2-8 교류전자개폐기의 개폐 빈번도에 의한 호별

호 별	1호	2호	3호	4호	5호	6호
개폐 빈도[회/시]	1200	600	300	150	30	6

표2-9 교류전자개폐기의 수명에 의한 종별

종 별	기계적 수명	전기적 수명
0 종	1000만회 이상	100만회 이상
1 종	500만회 이상	50만회 이상
2 종	250만회 이상	25만회 이상
3 종	100만회 이상	10만회 이상
4 종	25만회 이상	5만회 이상
5 종	5만회 이상	1만회 이상
6 종	0.5만회 이상	0.1만회 이상

시퀀스 제어회로가 플라킹 또는 인칭회로이면, 이 회로에 사용할 교류전자개폐기의 용량은 표2-10에 표시된 값이 아니라, 제조회사의 카탈로그 등에 기재된 값을 사용하는 것이 더욱 바람직하며, 그 일례를 표시하면 표2-11과 같은 값이 된다.

표2-10 교류전자개폐기의 정격용량

		전동기의 전부하전류치 [A]	
전동기의 종류		단상유도전동기	3상유도전동기
전동기의정격 사용 전압 [V]		100	200
정격용량 [KW]	0.10	5.1	-
	0.20	7.2	1.8
	0.40	11.1	3.2
	0.75	17.7	4.8
	1.50	-	8.0
	2.20	-	11.1
	3.70	-	17.4
	5.50	-	26.0
	7.50	-	34.0
	11.00	-	48.0
	15.00	-	65.0
	18.50	-	79.0
	22.00	-	93.0
	30.00	-	125.0

1)정격 사용 전압이 표2-5의 전압과 다를 경우의 전부하 전류치 (I')는 다음 식에 의해 산출한 값을 취하는 것으로 한다.

$$I' = I \times \frac{E}{E'}$$

여기서, I, E : 표2-5의 전 부하전류 및 정격 사용 전압

E': 표2-5와 다른 정격 사용 전압

2)3상 유도전동기에서, 정격 사용 전압220V에서 30KW를 초과하는 것의 전 부하 전류값은 1KW에 대해 4A로 해서 산출한 값을 취하는 것으로 한다.

표2-11 플라킹, 인칭회로에 사용되는 전자개폐기와 적용 전동기

정격용량 [KW]	3상유도 전동기용량 [KW]	플라킹, 인칭을 할 경우의 전동기 용량[KW]
2.2	2.2	0.4
3.7	3.7	1.5
5.5	5.5	2.2
7.5	7.5	3.7
11.0	11.0	5.5
15.0	15.0	7.5

전자개폐기, 전자접촉기를 배전반, 제어반 등에 부착할 경우, 이들 전자개폐기는 반드시 그림2-48과 같이 수직면에서 명판을 바르게 읽을 수 있도록 부착한다. 다소의 경사, 상하, 좌우, 전후 30°이내의 경사이면 사용상의 문제는 없으며, 그러나 수평면에의 부착이나 반대로 부착하는 것은 고장의 원인이 될 수 있으므로 피해야 한다.

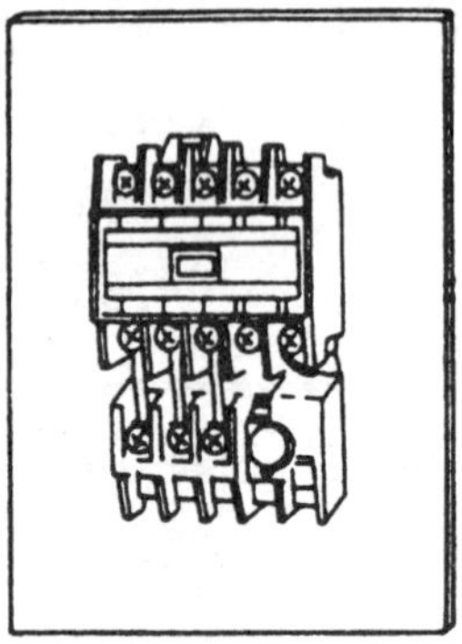

전자개폐기의 부착자세

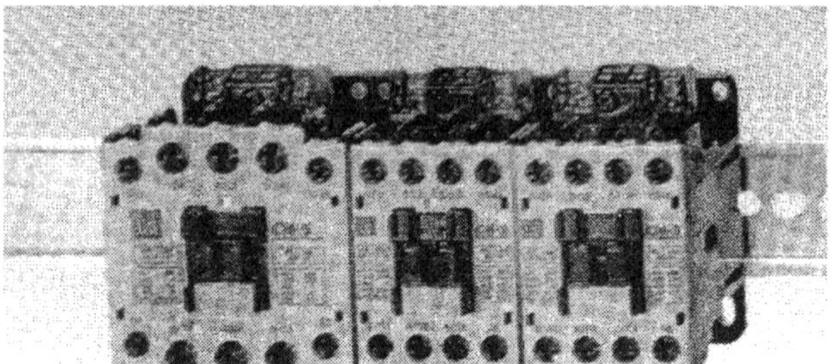

챈널에 의한 부착방법

그림2-48 기구의 제어반 부착법

전자개폐기, 전자접촉기에의 배선은, 전자개폐기의 상부에는 전원측 배선을 접속하고, 하부는 부하측 배선을 접속하며, 또한 전자개폐기 등의 기구를 제어반에 부착하는 데는 몰드제품 이외는 원칙으로 플레인 워셔를

사용하지 않는다.

그리고 부착하는 방법에 있어서 개선된 취부레일형 전자개폐기에는 하나씩 개별로 취부하는 불편함을 개선하기 위하여 알루미늄 재질의 챈널을 사용하는데, 챈널에 개폐기를 일렬로 끼우고 제어반의 속판에 부착하도록 되어있어서 작업의 시간을 줄이고 일괄적인 작업을 할 수 있어 유리하다. 최근에 들어서는 전자개폐기이외에도 각종릴레이 소켓 및 배전용차단기, 퓨즈홀더 등 중량이 비교적 가벼운 소자들은 챈널취부 방식이 생산되고 있다.

3) 전자개폐기의 고장진단

오랜 시간동안 전자개폐기 및 보조계전기 등을 사용하다 보면 고장이 발생 하게 되고, 이에 따라서 고장의 원인을 파악하고 수리를 하기 위해서는 고장의 원인으로부터 발생되는 상황과 원인, 대책 등의 과정을 거쳐야만 하는데 그 일례를 표2-12에 표기하였다. 표에 따른 조치를 하고 난 후에도 동일한 상황이 계속적으로 반복 되면 그 이외의 다른 원인일 수도 있으므로 세밀히 관찰하고 부품 설정의 잘못된 여부도 면밀히 확인할 필요도 있으므로 항상 주의를 기울여야 한다.

표2-12 전자개폐기, 보조계전기의 고장원인과 대책

고 장	상 황	원 인	대 책
투입 불량	울림이 발생하면서 투입 불능	코일정격의 상이	적정의 정격 코일로 교환
		전원전압이 낮음	규정전압으로 개선
		전압강하가 크다. ①전원용량부족 ②배선용량부족	전원용량의 증대, 배선용량의 증대
			저전압 보상 코일로(75%)교환
		가동부에 이물이 홉입	분해소제
		코일의 절연파괴	코일을 교환
		파손	본체 교환
		배선불량	불량개소 수리
	울림이 있는 경우	조작스위치의 고장,조작코일의 단선	스위치의 교환, 코일을 교환
개방 불능	여자가 끊이지 않는다.	코일에 전압이 인가되어 있다. 조작스위치의 고장, 용착 조작스위치의 파손	회로를 조정하여 개선 용량이 적정한가 조사하여 교체 스위치의 교환
	복귀불능	접점의 융착, 철심에 기름과 먼지가 부착 잔류자기에 의한 흡착, 가동부에 이물질 혼입 본체에, 열 또는 취급부주의에 의해 변형,파손	접점교환, 분해청소 부착방지 본체교환

고 장	상 황	원 인	대 책
코일 소손	단시간에 소손	코일정격전압 상이하거나 인가전압이(높은 경우) 조작전압이 낮아 흡인 불능	적정정격으로 교체 및 코일 교환 전압개선 코일 교환
	일시적 소손	종종 흡입불능 및 환경열화에 의한 절연파괴 인가전압이 높다. 주위온도가 높다.	코일교환, 열화원인 조사 대책수립 코일교환, 전압개선/코일온도상승 125℃ 이하로 한다.
접점 융착	배선용 차단기 또는 퓨즈 용착	부하측의 단락, 절연열화 및 배선불량, 취급실수 가역형 Y-△ 사용으로 동시투입	원인을 조사/개선 및 본체에 이상이 없으면 접점교환 이상이 있으면 본체교환
	사용중에 가벼운 용착발생	불평형 현상 발생, 개폐빈도가 높다 전압강하에 의한 반 흡입 상태로 된다 접점 수명, 부하가 증대	원인 조사하여 개선, 빈도를 낮추거나 용량을 올린다. 전압강하 원인 제거, 본체에 이상이 없으면 접점교환 적정용량으로 교환
접점의 이상 소모	개폐시의 아크 발생 많음	부하가 크거나 개폐빈도가 높다. 투입시 불평균	적정용량으로 교체, 빈도가 적정한 용량선정 원인을 조사하여 개선
	접점의 용착부 벗겨짐	접점의 떨림이 크다 / 개폐빈도가 과대	원인을 조사하여 개선 / 빈도를 낮추거나, 용량증대
	소모가 빠르다	접점면에 유류부착 부식성 가스	청소하여 부착방지 케이스 부착장소의 개선
접촉불량	때때로 발생	먼지가 많음 접촉면의 유황화 접촉면에 이물이 부착, 가동부에 이물이 혼입	청소하여 방진처리를 실시 접점면을 연마 분해소제
	계속하여 발생	접촉면에 기름먼지의 부착 접촉면에 극단의 유황화 접촉면에 이물이 혼입, 접점의 탈락 기구부가 파손	분해소제, 부착방지,접점교환, 부착장소의 개선 분해소제, 접점교환, 탈락원인의 제거, 본체확인 본체교체
울림발생	때때로 울림발생	철심간에 이물이 혼입 철심에 가벼운 녹 발생 철심이 연마, 전원전압이 낮다.	분해소제 분해하여 철심면을 연마 철심 교환, 원인을 조사하여 개선
	항상울림상태	철심간에 이물이 혼입 철심에 녹 발생/섀딩코일의 단선 부착면의 변형/코일전압이 상이 철심이 마모	분해소제/분해하여 철심면을 평판상에서 연마 철심교환/정확한 부착수정 정확한 코일교환 철심 교환(본체의 이상 유무조사)
	주회로 부분에 울림발생	큰 전류가 흐른다 케이스내 배선이 1본씩 분리	전류측정 원인을 제거 입력, 출력 배선은 동일구멍을 통하여 배선
열동형 과부하 계전기 동작	빈번하게 발생	부하가 크다. 개폐빈도가 높다 사용중의 진동충격이 크다 릴레이 눈금 설정의 착오 릴레이 용량선정의 착오	정확한 부하로 한다 빈도에 맞게끔 재선정 부차방법, 장소의 변경 정확한 눈금으로 설정 정확한 용량으로 교체
	기동시에 발생	기동시간이 길다 기동전류가 크다 적용잘못(Y-△ 극수변환등)	릴레이 재선정 포하 리액터 부착 올바른 적용으로 재선정(기술자료)
	때때로 발생	주위온도가 높다 부하가 부평형	온도보정, 부착장소를 변경 부하를 정상으로 한다.
열동형 과부하 계전기 부동작	모터과열 소손 발열	릴레이 용량선정의 착오 릴레이 눈금설정의 착오 기구부의 파손 전자접촉의 파손 ,배선불량	올바른 재선정 올바른 설정 릴레이 교체 전자접촉기를 교체, 불량개소 수정
	히터용단	단락전류가 흐른다 배선불량	릴레이 교체, 보호협조를 개선 릴레이 교체, 불량개소 수정
	리셋 불가능	리셋이 너무 빠르다. 접점의 접촉불량, 배선불량	냉각 후 리셋 릴레이 교체, 불량개소 수정

4) 전자접촉기의 보조유닛의 선정

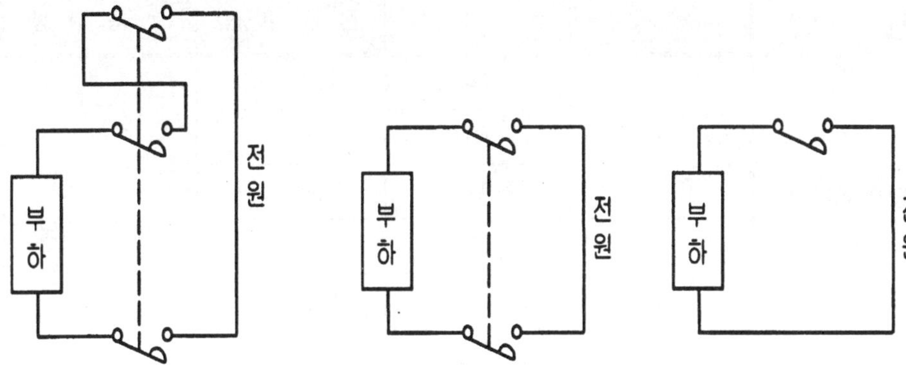

3극형　　　　2극형　　　　1극형

그림2-49 직렬 접점수의 회로

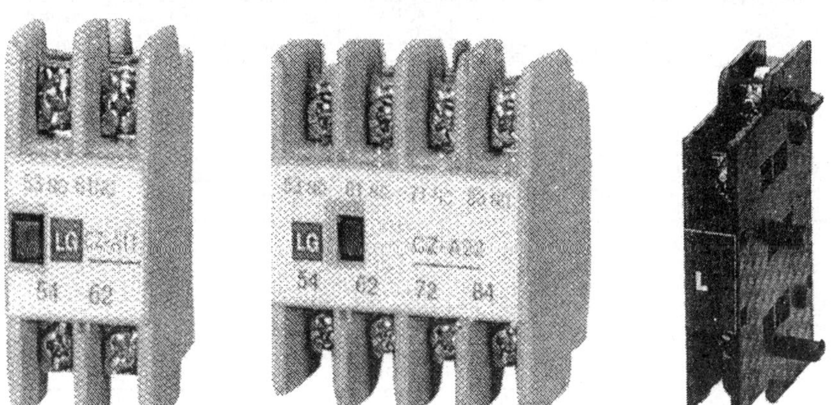

CZ-A11(상부부착용)　CZ-A22(상부부착용)　CZ-AL(측면부착용)

그림2-50 전자 접촉기의 보조접점 유닛의 모형

표2-13 전자 접촉기의 보조접점 유닛의 형식

종 류	극 수	형 식	접점구성	적용구성
윗면부착용 (Head-On)	4	CZ-A40	4a	CH3~15N의 표준형 및 응용기종
		CZ-A31	3a1b	
		CZ-A22	2a2b	
	2	CZ-A20	2a	
		CZ-A11	1a1b	
		CZ-A02	2b	
측면부착용 (Side-On)	2	CZ-AL	1a1b(좌측)	
		CZ-AR	1a1b(우측)	

표2-14 전자접촉기의 보조접점 유닛의 정격

정격통전 전류 [A]	폐로 및 차단교류전류 [A]	정격사용전류 [A]					
		교류			직류		
		정격 사용전압	AC11급 코일부하	AC13급 저항부하	정격 사용전압	DC11급 코일부하	AC14급 저항부하
10	66.0	110V	6.0	10	24V	3.00	5.0
	33.0	220V	3.0	8	48V	1.50	3.0
	16.5	440V	1.5	5	110V	0.55	2.5
	13.2	550V	1.2	5	220V	0.27	1.0

표2-15 전자접촉기의 보조접점 유닛의 성능

개폐빈도 (회/시)	기계적 수명 (만회)	전기적 수명(만회)				
		AC11급		AC13급	DC11,14급	
		220V	440V	220V	440V	24~220V
1,800	1,000	50	50	25	25	50

전자접촉기는 앞에서 설명한 것과 같이 주 접점은 부하에 주 전원을 공급하는데 사용이 되고, 제어를 하기 위해서는 제어용 접점이 필요하게 되

는데, 보통 소형은1a1b의 형태로 대형의 경우에도 2a2b의 형태를 벗어나지 못하므로 보조접점이 부족할 경우 보조접점유닛을 전자접촉기의 상부 또는 좌, 우측면에 부착하여 보조접점을 증설하여 사용을 하며, 표2-13은 보조접점유닛의 형식을 표시하였고 표2-14는 보조접점유닛의 정격을, 표2-15에는 보조접점의 성능을 나타내었는데, 본 교재는 LS산전(구 LG산전)을 모델로 설명하고 있으며, 보기 또한 LS산전의 모델명과 부품을 설명하였으므로 다른 회사의 부품을 사용할 경우에는 각별히 모델보다는 용량을 우선하여 선정하는 것에 주의하여야한다.

또한, 표2-16에는 각 유닛과 조합시의 접점구성에 대하여 정리해 놓았으므로 설계시 참고하기 바란다.

표2-16 전자접촉기와 보조접점 유닛과 조합시 접점구성

전자접촉기 \ 보조접점유닛 형식		윗면 부착용						측면 부착용	
		CZ-440	CZ-A31	CZ-A22	CZ-A20	CZ-A11	CZ-A02	CZ-AL 또는 AR	CZ-AL⊕AR
형식	접점구성	4a	3a1b	2a2b	2a	1a1b	2b	1a1b	2a2b
CH-3 CH-3/G	1a	5a	4a1b	3a2b	3a	2a1b	1a2b	2a1b	3a2b
	1b	4a1b	3a2b	2a2b	2a1b	1a2b	3b	1a2b	2a3b
CH-3N CH-3N/G CH-5 CH-5/G	2a	6a	5a1b	4a2b	4a	3a1b	2a2b	3a1b	4a2b
	1a1b	5a1b	4a2b	3a3b	3a1b	2a2b	1a3b	2a2b	3a3b
	2b	4a2b	3a3b	2a4b	2a2b	1a3b	4b	1a3b	2a4b
CH-5N CH-5N/G	2a2b	CH-5에 윗면부착용 보조접점 1a1b를 부착한 것임						-	-
CH-6N~15N CHO-6N/G~15N/G	2a2b	6a2b	5a3b	4a4b	4a2b	3a3b	2a4b	-	-
AH-4 AH-4/G	4a	8a	7a1b	6a2b	6a	5a1b	4a2b	5s1b	6a2b
	3a1b	7a1b	6a2b	5a3b	5a1b	4a2b	3a3b	4a2b	5a3b
	2a2b	6a2b	5a3b	4a4b	4a2b	3a3b	2a4b	3a3b	4a4b
AH-5 AH-5/G	5a	9a	8a1b	7a2b	7a	6a1b	5a2b	6a1b	7a2b
	4a1b	8a1b	7a2b	6a3b	6a1b	5a2b	4a3b	5a2b	6a3b
	3a2b	7a2b	6a3b	5a4b	5a2b	4a3b	3a4b	4a3b	5a4b
	2a3b	6a3b	5a4b	-	4a3b	3a4b	-	3a4b	-
	1a4b	5a4b	-	-	3a4b	-	-	-	-
	5b	4a5b	-	-	2a5b	-	-	-	-

또한 그림2-51은 전자접촉기의 모델별 모형을 나타내었으며 전자접촉기는 모델별로 모형이 조금씩 다르다는 것을 알게 될 것이다.

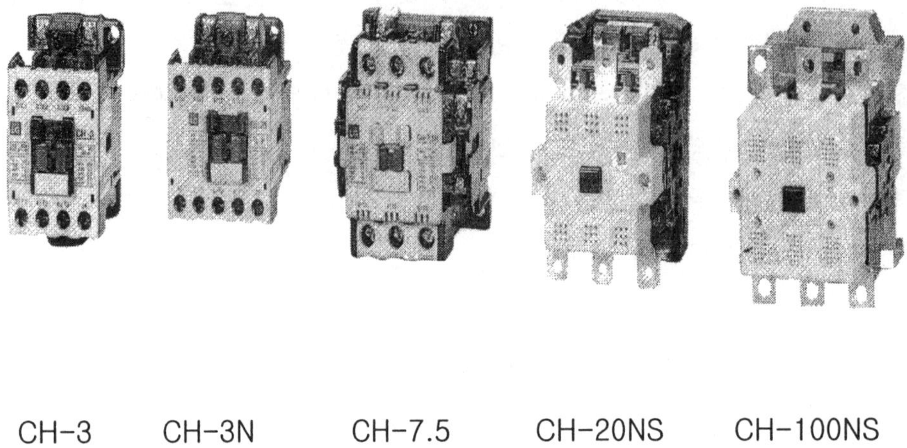

그림2-51 전자접촉기의 모델별 모형

나. 릴레이

릴레이는 전자접촉기를 소형화시킨 부품으로써, 부하를 직접 가동시키는 목적보다는 접점을 사용하여 회로를 개로하거나 폐로하는 등의 보조역할에 주로 사용하고 있으며 구성으로는 코일부와 동작부, 접점부로 나눌 수 있다.

코일부는 교류전원을 사용할 때에는 50 ~ 60Hz의 주파수에 600[V] 미만의 전원이 사용이 되며, 통상 400[V] 이상의 전압에서는 가급적 사용을 하지 않는 것이 좋다.

또한 릴레이의 선정에 주의하여야 할 사항은 코일에 투입되는 주파수가 50Hz와 60Hz의 구분이 있어야 하는 곳에 구분을 지어주지 않고 사용할 경우에는 앞서 전자접촉기 및 전자개폐기편에서 설명 바와 같은 문제점이 발생 할 수 있으므로 전자접촉기 및 전자개폐기편을 참고하기 바란다.

표2-17 정격사용전압

정 격 사 용 전 압[V]							
100	110	200	220	400	440	500	550

표2-18 조작회로의 정격 사용전압

	정 격 사 용 전 압[V]							
교 류 조 작	-	-	100	110	200	220	400	440
직 류 조 작	24	48	100	110	200	220	-	-

표2-17과 2-18은 정격사용전압과 조작회로의 정격사용전압을 나타내었으며, 밑줄이 표기된 전압이 제어에 가장 보편적으로 사용되는 전압이다.

또한 최소 동작전압의 80[%]이하이면 동작이 정확히 일어나지 않음을 주의하여야 한다.

그리고, 릴레이의 선정에서 가장 중요한 것으로 접점부를 들 수 있는데, 접점의 구성에 따라서 1회로에서 4회로까지로 이루어져 있다.

1회로의 용량은 최저 3[A]에서 최고 30[A]까지로 이루어지고 있으나 이것은 인가되는 전압의 정격에 따라서 정하여지는 것으로, 같은 용량에서 전압이 높으면 상대적으로 전류가 적게 흐르므로 접점에 여유가 생기는 것이다.

따라서 릴레이의 용량이라고 말하는 것도 바로 접점이 견딜 수 있는 전류의 용량을 말하는 것이다.

이 접점부는 동작하는 방법에 따라서 2가지로 구분되며, 크게 가동부 접점과 고정부 접점으로 나누며 코일부 쪽에 위치하고 있는 가동부에는 가동형 접점이 부착되어 있어서 코일에 전원이 가하여 짐에 따라, 동작하도록 되어 있다.

회로의 구성에 따라서 1회로에서 2회로의 것은 별도의 소켓이 없이도 취부(제어반의 속판에 부착)가 가능한 것들도 있지만, 그 이외의 것은 별도의 소켓에 꽂아서 사용하도록, 핀 타입이 주종을 이루고 있으며 릴레이의 선정시 사용하는 목적과 용량에 따라 취부 방법에 대하여 고려하여야 한다.

그림2-52는 소켓을 사용하는 핀타입 릴레이의 사진이며, 그림2-53은 소켓이 없이 취부가 가능한 타입이며, 릴레이의 구성을 그림으로 표기하고 각부의 명칭을 적은 것이다.

KH-102-2C KH-102-3C KH-103-2C KH-103-3C KH-103-4C

그림2-52 릴레이 모형

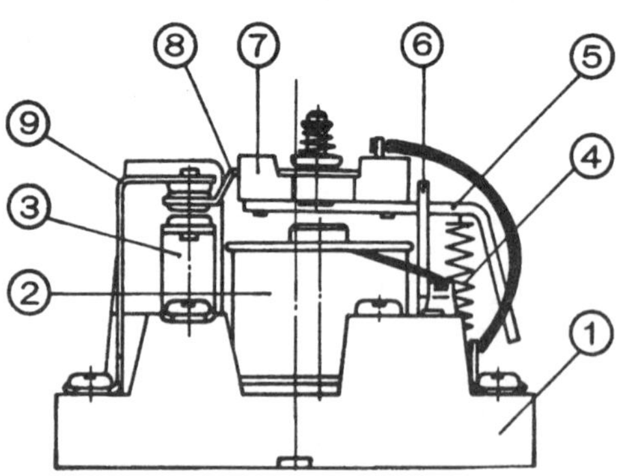

부품번호	부품명칭
1	몸 체
2	코 일 부
3	고정자 A접점
4	복귀 스프링
5	스프링 축
6	축 고정자
7	가동자 접점연결대
8	가동자 접점(COM단자)
9	고정자 B접점

그림2-53 릴레이 구성도

그림2-54은 릴레이의 단자 배치를 나타낸 것으로 KH-102-2C를 예를 들어 설명하도록 하겠다.

핀 번호의 ② ⑦번 은 코일부를 나타낸 것으로 앞에서 설명한 것과 같이 코일의 전압에 따라서 코일에 인가되는 전원이 바뀌게 되며, 교류전원에서는 110V와 220V가 직류전원에서는 24V가 가장 많이 사용된다.

또한 ① ⑧번의 단자는 외부의 전원(부하에 인가될 전원)이 인가되는 부분으로 가동 접점부로 이루어져 있으며, ③ ⑥번은 단자는 N.O(Normal Open)을 표기한 것으로 통상 a접점이라고 하며, ④ ⑤번 접점은 N.C(Normal Close) 라고 하는데, 통상 b접점이라고 칭한다

N(Normal)이라는 기준은 전기를 인가하지 않은 상태를 말하는 것으로 코일에 전원이 가해지면 접점의 N(Normal)상태는 해제가 된다.

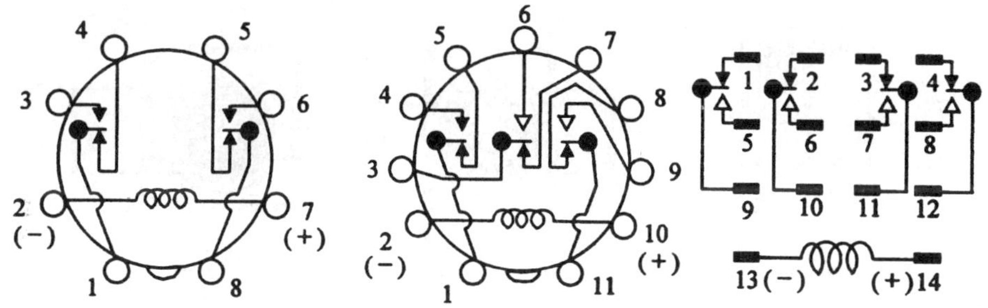

KH-102-2C KH-102-3C KH-103-4C

그림2-54 릴레이의 단자 배치도

그림2-54는 릴레이의 내부회로 및 단자의 배치도로 이는 반드시 확인하고 숙지해야 할 사항으로 릴레이 코일(② ⑦번)에 인가되는 전압과 접점에 인가되는 전압은 서로 달라도 된다, 예를 들면 220[V] 3[A]의 릴레이가 있다면, 코일에는 반드시 220[V]를 인가하여야 하지만 접점 즉, ① ③ ④번과 ⑧ ⑥ ⑤번에는 다른 전압을 인가해도 무방하다는 뜻이 된다.

또한, 부하에 인가될 전원의 입력부분을 ① ⑧번에 접속하는 것이 좋으며, 이는 부하에 인가되는 전원이 회로의 구성에 있어 a접점과 b접점에 연결되는 것이 어떠한 상황이 주어졌을 경우 수정이 쉽고 이 ① ⑧번 단자를 Com 단자와 동일하게 보아도 무방하다는 것이다.

회로의 구성에 대하여 다시 한번 말하자면 ① ③ ④번이 1회로가 되고 ⑧ ⑥ ⑤번이 1회로가 되어 그림2-54의 그림은(KH-102-2C) 2회로가 되는 것이다.

그리고, 2-55의 그림은 102-2C와 102-3C,103-4C의 소켓부와 크기를 나타낸 그림이며, 그림2-56은 보조 릴레이 중에서 핀타입으로 구성되어 있는 릴레이용 소켓의 모형이다.

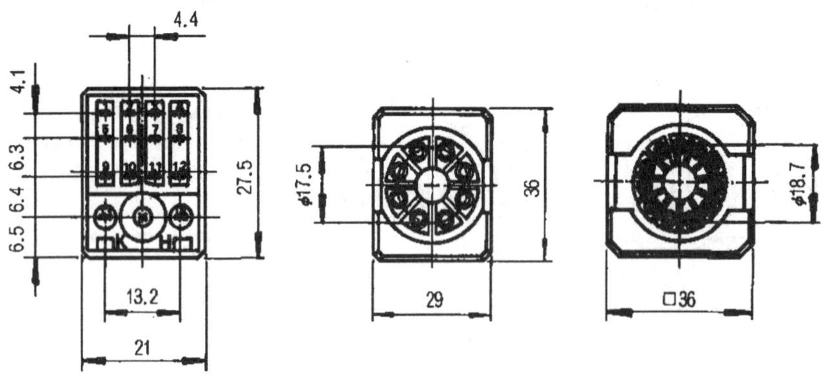

그림2-55 보조릴레이의 소켓부와 크기

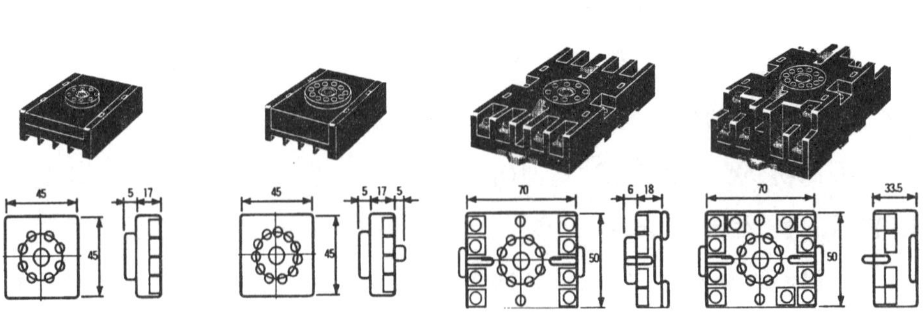

PG-08 PG-11 PS-08 PS-11

그림2-56 보조릴레이의 소켓(AUTONICS사 모델)

보조 릴레이용 소켓을 선정하기 위해서는, 우선 릴레이의 핀 수량을 확인하고, 부착하는 위치를 확인하고 선정하도록 한다.

위의 그림에서 간단히 살펴보면 PG-08은 제어반의 전면에 취부할 수 있도록 구조가 되어 있는데 자세히 그림을 보면 소켓부와 접속 단자부가 양쪽으로 되어 있는 것이 보일 것이다. 그리고 PG-11도 PG-08과 동일한 구조로 되어 있는데, 다만 11핀용이라는 점이 다를 뿐이다.

PS-08은 타이머 또는 릴레이 등을 제어반의 내부에 취부하고자 할때. 사용이 되고 있으며, 고리가 부착되어 있어 어느 정도의 충격에도 부품을 단단히 고정시킬 수 있으며, PS-11은 11핀용이며, 사용방법은 동일하다. PS의 기종은 챈널에 취부하여 사용하는 방식으로 최근에는 많이 보급되고 있으며, 위의 그림의 모델은 회사별로 모양이나 크기는 동일하나, 부르는 모델명이 다소 차이가 있으므로 선정시 착오가 없도록 주의하여야 한다.

다.열동 과부하계전기(THR)

1) 열동 과부하계전기의 개요

열동 과부하계전기는 전자접촉기와 조합해서 사용하는 일이 많고, JIS C 8325 교류전자개폐기에 그 규정이 정해져 있다. 또한 교류 600V이하의 전기회로에 사용하는 3상 유도전동기 보호용 열동 과부하계전기에서 그 동작특성은 주위온도40℃에서 다음과 같이 규정되어 있다.

①정격전류의 600%의 전류를 통해서 온도가 일정하게된 후, 정격전류의 200%의 전류를 통해서 20~30초에 동작할 것.

②정격전류를 통해도 동작하지 않고 온도가 일정하게 된 후 정격전류의 125%의 전류를 통전하여 2시간 이내에 동작할 것.

또한 JEM에서는 20℃ 및 -5℃에서의 동작특성에 대해서도 정해져 있다.

열동 과부하계전기의 눈금은 정격전류 눈금으로, 전동기의 허용부하 전류치를 표시하는 것으로 정격전류「RC」에 의해 전류치로 직접 표시되어 있다. 1973년 이전에 제조된 것으로 트립전류 눈금으로 눈금을 그은 것으로 「트립눈금」 또는 「TC」로 표시된 것도 있었으나, 1973년 이후로는 폐지되어 제조되지 않는다.

0.2KW를 초과하는 3상 유도전동기에는 전기설비기술기준 및 내선규정에 의해 과부하보호장치를 설치하도록 규정되어 있다.

따라서 0.2KW이상의 3상 유도전동기를 사용하는 회로에는 교류전자개폐기 또는 배선용 차단기를 사용해야 한다.

교류전자접촉기는 주파수가 50Hz 또는 60Hz의 교류 600V 이하의 전로에 접속되어 케이스 등에 넣지 않고 개방 상태로 사용한다.

교류전자접촉기와 열동형 과전류계전기를 조합한 것을 교류전자개폐기라고 하고, 케이스에 내장된 것, 개방 상태의 것 등 여러 형태의 것이 있다. 열동형 과부하계전기는 그림2-57과 같이 바이메탈과 히터로 된 시연동작의 열동형 과전류검출 기구와 이에 따라 움직이는 접점기구로 되어 있고, 과부하시의 보호용으로 사용되는 것이다. 따라서 단락사고 등에 의한 과전류에 대한 보호는 퓨즈나 배선용차단기 등에 의해 보호해야 한다.

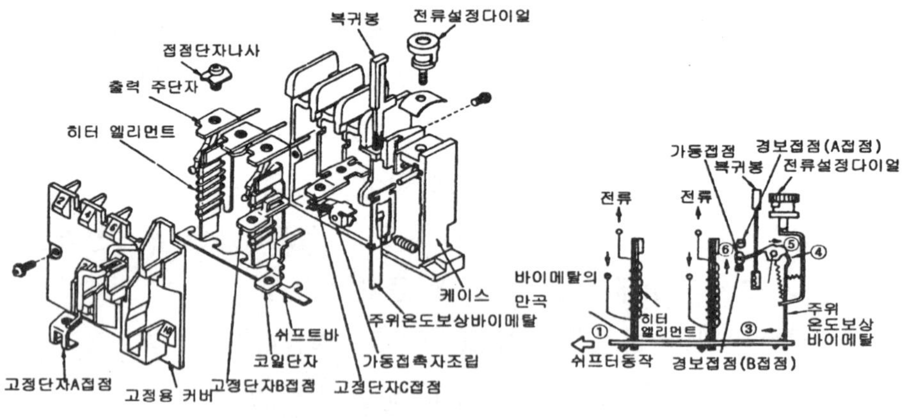

내부 구성도　　　　　　　　　　동작 순서도

그림2-57 열동과부하계전기

열동 과부하계전기의 수명은 정상적인 동작 상태에 있을 경우는 그 트립 횟수에 의해 정해지며, 대략 1000회 정도이다.

그러나 사고 등에 의해 큰 단락전류가 흐른 경우에는 히터가 변형 되거나 또는 용단해서 사용이 불가능해지는 경우도 있다.

히터의 과전류에 대한 내량은 RC값의 10 ~ 15배이다. 따라서 이 값 이상의 과전류에 대한 내량을 필요로 할 경우에는 포화리액터와 더불어 사용하거나 CT(변류기)와 함께 사용한다.

3상 유도전동기의 전원측 퓨즈가 1상만 용단된 경우, 1상 결상이 되어 전동기는 나머지 2선에 의해 단상 운전으로 된다.

단상 운전시의 토크는 3상 운전시의 토크에 비교해서 극히 낮아져서 회전수도 저하한다. 이때 전동기에 흐르는 전류는 부하율에 따라 다르며, 대략 다음에 표시한 값이 된다.

50% 부하 : 3상 전부하 전류의 100% 이하

75% 부하 : 3상 전부하 전류의 140% 전후

100% 부하 : 3상 전부하 전류의 180% 전후

125% 부하 : 3상 전부하 전류의 220% 전후로 되어 75%를 넘는 부하가 접속된 채로 장시간 단상 운전을 하면 전동기를 소손될 우려가 있으므로 주의하여야 한다.

열동과부하계전기는 2상식이 일반적으로 많이 사용되고 있다. 그러나 결상 보호에 대한 신뢰성을 향상하기 위해 3상식인 것을 사용하는 경우도 많아졌다.

열동과부하계전기의 부착 방향은 전자개폐기를 부착할 경우와 같고, 부착 각도는 15°정도까지 경사는 허용된다.

그러나 상, 하, 역 방향이라든가 수직방향 등의 부착을 하면 히터의 열전달법이 바뀌므로 특성이 달라진다. 따라서 부착 방향은 반드시 상, 하 방향을 바르게 부착한다.

열동과부하계전기의 고장으로는 사고 등에 의해 큰 단락전류가 흐르는 경우 히터가 단선 되어져 도통이 되지 않거나 바이메탈이 변형해서 리셋이 되지 않는 경우가 있다.

또한 차단된 직후 리셋을 바로 시키면 차단시의 잔열 때문에 리셋이 되지 않으므로 약간의 시간이 경과한 후 리셋을 시키도록 하고 재차 차단이 되는 경우가 발생할 때는 고장의 원인을 찾아야 할 것이다.

그리고, 모터 및 회전 기구류 외의 발열체 즉, 히터 등에는 사용하지 않는 것을 원칙으로 한다.

히터를 부하로 사용하는 경우 열동 과부하계전기를 사용하면 모재의 열가공 도중 전열이 차단되어 모재를 가공하지 못하고 폐기시키게 되는 경우가 발생이 되거나 심지어는 프라스틱류를 가공하는 기계의 경우 기계 전체에 손상을 주는 경우가 발생 할 수 있다.

2) 열동과부하계전기의 선정

열동과부하계전기는 부하측의 말단을 보호할 목적으로 사용 하지만, 열동과부하계전기를 사용하여 과전류 상태에 바로 대처하기는 정밀도면에서 상당히 떨어지므로 선정시 차단전류 등을 고려하여 계전기를 올바로 선정하는 것이 무엇보다 중요하다.

열동부하계전기의 부하전류렌지(설정다이얼)의 범위를 정할 때에는 부하용량의 40~60%사이에 제어하고자하는 것을 도표를 참고하여 선정하도록 하고 부하전류렌지를 설정할 때에도 부하의 전류이외에도 부하의 기동시간과 제어반과 부하의 이격 거리에 주의하여야하는데, 이격 거리가 길수록 누설전류가 커지므로 부하량이 증가하는 경우가 발생이 되어 차단되기 전의 용량에서 차단이 되는 경우도 발생한다.

다시 한번 정리하자면 부하전류의 렌지를 세팅하고자할 경우 먼저 모터의 용량 또는 부하의 용량을 기준으로 하고 단시간운전을 할 경우 기준치를 그대로 사용하고 장시간을 사용할 경우와 제어반과 모터의 거리가 장거리 일 경우에는 모터의 용량에서 약3~5%사이만큼 높여서 부하전류의 렌지를 선정하도록 한다.

표2-19은 열동부하계전기의 보조접점의 용량에 대하여 표기하였는데,

보조접점은 일반적인 접점의 용량과 차이가 없으므로 보통제어에 쓰이는 데에는 영향을 주지 않으나, 부하를 직 기동하기에는 무리가 있으므로 주의하도록 한다.

또한 표2-20은 TH형의 기종과 정격에 대하여 기종별로 표기하였으므로 TH형의 기종을 선정할 때 사용하도록 한다. 그리고 그림4-2는 TH형의 기종별로 나타낸 그림이다.

표2-21은 열동과부하계전기의 주 회로와 보조회로의 접속가능한 전선의 크기를 표기하였으므로 참고하기 바란다.

표2-19 열동부하 계전기의 보조접점

형　식	정격통전전류[A]	정격 전압[A]	정격 사용 전류[A]	
			AC 11급	DC 11급
TK-3N TH-3N TH-3NH TH-3NL	3.0	24	3.00(0.3) *1	1.10(0.30) *1
		110	2.50(0.3) *1	0.28(0.28) *1
		220	2.00(0.3) *1	0.14(0.14) *1
		440	1.00(0.3) *1	-
		550	1.00(0.3) *1	-
TK-5N TH-5N TH-5NH TH-5NL	3.0	24	3.00(0.3) *1	1.10(0.30) *1
		110	2.50(0.3) *1	0.28(0.28) *1
		220	2.00(0.3) *1	0.14(0.14) *1
		440	1.00(0.3) *1	-
		550	1.00(0.3) *1	-
TK-55N~150N TH-5SN~150N TH-5SNH TH-5SNL	4.5	24	3.00(0.5) *2	1.10
		110	2.50(0.5) *2	0.28
		220	2.25(0.5) *2	0.14
		440	1.75(0.5) *2	-
		550	1.75(0.5) *2	-

*1. ( ) 내의 정격은 자동복귀일 경우

*2. ( ) 내의 정격은 자동복귀시 a접점 정격임.

표2-20 TH형 기종 및 정격 I

기 종	TH-3N				TH-5N				TH-5SN				TH-675N			
	호칭 정격	조정범위			호칭 정격	조정범위			호칭 정격	조정범위			호칭 정격	조정범위		
		최소	중간	최대		최소	중간	최대		최소	중간	최대		최소	중간	최대
소자 (Bimetal) 정격전류 [A]	0.10	0.10	0.125	0.15	0.10	0.10	0.125	0.15	0.10	0.10	0.125	0.15	4	4	5.0	6
	0.15	0.15	0.200	0.24	0.15	0.15	0.200	0.24	0.15	0.15	0.200	0.24	5	5	6.5	8
	0.24	0.24	0.300	0.36	0.24	0.24	0.300	0.36	0.24	0.24	0.300	0.36	6	6	7.5	9
	0.36	0.36	0.450	0.54	0.36	0.36	0.450	0.54	0.36	0.36	0.450	0.54	7	7	9.0	11
	0.48	0.48	0.600	0.72	0.48	0.48	0.600	0.72	0.48	0.48	0.600	0.72	9	9	11.0	13
	0.64	0.64	0.800	0.96	0.64	0.64	0.800	0.96	0.64	0.64	0.800	0.96	12	12	15.0	18
	0.80	0.80	1.000	1.20	0.80	0.80	1.000	1.20	0.80	0.80	1.000	1.20	18	18	22.0	26
	0.95	0.95	1.200	1.45	0.95	0.95	10.20	1.45	0.95	0.95	1.200	1.45	24	24	30.0	36
	1.40	1.40	1.800	2.20	1.40	1.40	1.80	2.20	1.40	1.40	1.800	2.20				
	1.70	1.70	2.150	2.60	1.70	1.70	2.15	2.60	1.70	1.70	2.150	2.60				
	2.20	2.20	2.800	3.40	2.20	2.20	2.80	3.40	2.20	2.20	2.800	3.40				
	2.80	2.80	3.500	4.20	2.80	2.80	3.50	4.20	2.80	2.80	305	4.20				
	4.00	4.00	5.000	6.00	4.00	4.00	5.00	6.00	4.00	4.00	5.000	6.00				
	5.00	5.00	6.500	8.00	5.00	5.00	6.50	8.00	5.00	5.00	6.500	8.00				
	6.00	6.00	7.500	9.00	6.00	6.00	7.50	9.00	6.00	6.00	7.500	9.00				
	7.00	7.00	9.000	11.00	7.00	7.00	9.00	11.00	7.00	7.00	9.000	11.00				
	9.00	9.00	11.000	13.00	9.00	9.00	11.00	13.00	9.00	9.00	11	13.00				
					12.00	12.00	15.00	18.00	13.00	13.00	16.5	20.00				
									20.00	20.00	23	26.00				

보조접점구성	1a1b	1a1b	1a1b	1a1b
동작기능	·복귀방식:수동·자동겸용 ·수동트립기구:부착 ·트립동작표시:기계적방식 ·트립자유방식:표준채택		·복귀방식:수동·자동겸용 ·수동트립기구:부착 ·트립동작표시:기계적방식	
조합된 전자개폐기	MH-3(CH-3+TH-3N) MH-3N(CH-3N+TH-3N)	MH-5(CH-5+TH-5N) MH-5N(CH-5N+TH-5N)	-	MH-6N(CH-6N+TH-675N) MH-7.5N(CH-7.5N+TH-675N)

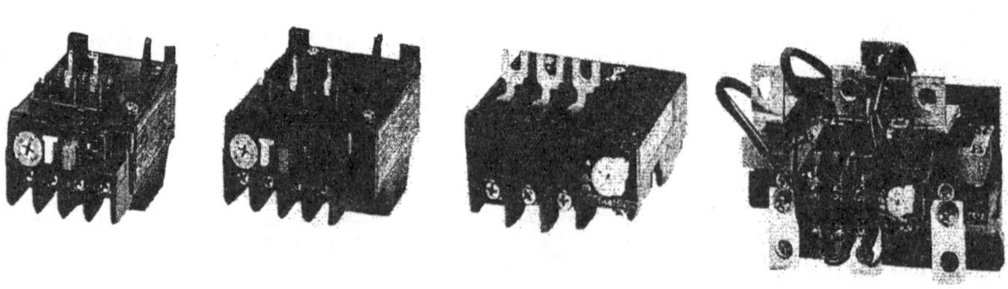

TH-3N TH-5N TH-6/7.5N TH-75N

그림2-58 열동부하계전기의 모형

표2-21 정격(TH-형)II

기종	TH-1015N				TH-20N				TH-2540N				TH-50N			
	호칭정격	조정범위			호칭정격	조정범위			호칭정격	조정범위			호칭정격	조정범위		
		최소	중간	최대		최소	중간	최대		최소	중간	최대		최소	중간	최대
소자 (Bimetal) 정격전류[A]	7	7	9	11	18	18	22	26	45	45	56	67	65	65	80	95
	9	9	11	13	24	24	30	36	54	54	67	80	85	85	105	125
	12	12	15	18	28	28	34	40	65	65	80	95	110	110	135	160
	18	18	22	26	34	34	42	50	85	85	105	125	125	125	155	185
	24	24	30	36	45	45	56	67	110	110	135	160				
	28	28	34	40	54	54	67	80								
	34	34	42	50												
	45	45	56	67												
보조접점 구 성	1a1b				1a1b				1a1b				1a1b			
동작기능	·복귀방식: 수동·자동겸용 ·수동트립기구: 부착 ·트립동작표시: 기계적방식															
조합된 전자개폐기	MH-10N (CH-10N+TH-1015N) MH-15N (CH-10N+TH-1015N)				MH-20N (CH-20NS+TH-20N)				MH-25NS(CH-25NS+TH-2540N) MH-30NS(CH-30NS+2540N) MH-40NS(CH-40NS+TH-2540N)				MH-50NS (CH-50NS+TH-50N)			

표2-22 정격(TH-형)III

기종	TH-1015N				TH-20N				TH-2540N				TH-50N			
	호칭정격	조정범위			호칭정격	조정범위			호칭정격	조정범위			호칭정격	조정범위		
		최소	중간	최대		최소	중간	최대		최소	중간	최대		최소	중간	최대
소자 (Bimetal) 정격전류[A]	85	85	105	125	110	110	135	160	160	160	200	240	240	240	300	360
	110	110	135	160	125	125	155	185	200	200	250	300	300	300	375	450
	125	125	155	185	160	160	200	240	240	240	300	360	400	400	500	600
	160	160	200	240	200	200	250	300	300	300	375	450				
보 조 접점구성	1a1b				1a1b				1a1b				1a1b			
동작기능	·복귀방식: 수동·자동겸용 ·수동트립기구: 부착 ·트립동작표시: 기계적방식															
조합된 전자개폐기	MH-75N (CH-75NS+TH-75N)				MH-90NS (CH-90NS+TH-90N)				MH-100NS (CH-100NS+TH-100N)				MH-150NS (CH-150NS+TH-150N)			

3) 열동부하계전기의 부착 및 고장원인

①전자개폐기의 부착과 접속

전자개폐기의 구조 특성은 일정방향으로 부착, 사용하도록 설계되어 있으므로 만일 부착을 변경하면 특성이 변화한다.

올바른 부착방향은 전원측 단자가 위, 부하측 단자가 아래로 반면, 벽면, 기둥 등의 수직면에 평행으로 부착하는 것이다.

구조면에서 보면 접촉기는 가동부와 스프링계의 동작 평형이 이루어 지도록 가동부가 수평으로 동작할 때 즉, 정상방향①로 부착방향이 될 때를 기준으로 설계한 것이다.

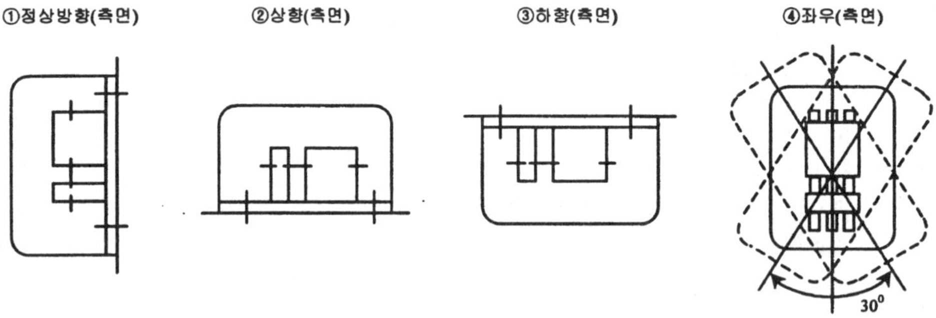

그림2-59 열동과부하계전기의 부착방법

상향②일 때 접촉기의 가동부 자체 중량이 킥아웃 스프링에 대하여 하향으로 움직여 투입시 시간이 빠르며, 동작전압이 낮아지고, 개방시 동작전압이 높아진다.

그러므로 투입시 충격이 크게 되어 수명이 정규방향 부착의 $\frac{1}{2}$정도로 되고 개방시의 차단에 악영향을 준다.

하향③일 때는 역으로 투입시의 흡인력 부족으로 동작전압이 높고 올림 및 동작의 현황에 따라 투입불량이 발생된다.

좌우방향에 대해서도 가동부 각부의 접동부가 변화하여 수명에 영향을 준다.

부착각도 경사의 허용범위는 전후좌우 방향 ±30°의 범위이며, 부착에 있어서 상입형 전자 개폐기는 상부의 부착구멍이 유동성이 있으므로 미리 볼트, 나사를 반면에 세워놓고 걸어 부착하는 것이 편리하다. 또한 벽면, 반면은 견고하고 진동, 충격의 영향을 받지 않는 곳이어야 한다.

접속은 조작방법에 적합한 푸쉬버튼스위치의 배선 및 사용하는 전동기에 따라 전선을 규정의 조임 토크로 죄어 사용하여야 한다.

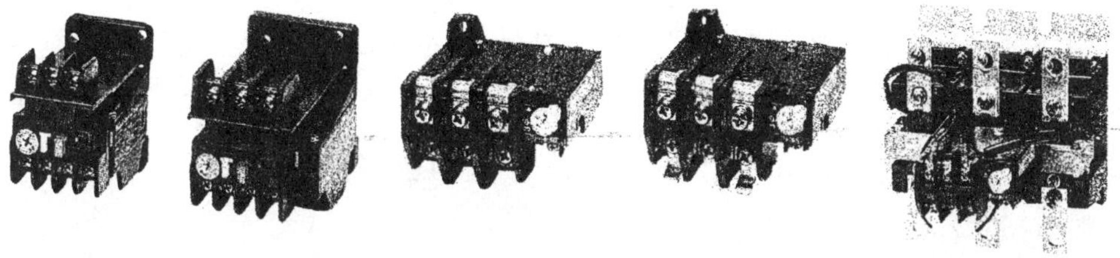

TH-3NH TH-5NH TH-5SN TH-1015N TH-75NH

그림2-60 단독부착형 열동부하계전기의 모델별 모형

라.타이머

1) 타이머(Timer)의 개요

타이머는 한시 계전기라 칭하기도 하는데 타이머는 타이밍을 정하기 위해서 사용되는 시간 측정 장치의 일종으로 시계를 이용하여 제어에 사용되는 것과 대시포트를 이용하는 것, 선형전기회로의 CR 시정수를 사용하는 것 등이 있다.

종례에 사용하던 방법으로는 동기전동기를 사용하여 필요한 접점을 개폐하는 전동기식 타이머와 공기의 유입량과 유출량을 조절하여 접점을 개폐하는 공기식 타이머, 기름의 제동력을 이용하여 시간을 조절하여 개폐하는 오일식 타이머 등이 사용되어 졌다.

이러한 타이머는 비교적 몸체의 크기가 클 뿐 아니라, 정밀도가 사용하는 시간에 따라서 오차발생이 커지고 자동형식의 운전이 매우 까다로운 관계로 최근에 들어와서는 유압을 제어하는 경우에는 유압식 타이머, 공압을 제어하는 경우에는 공기식 타이머가 조금씩 사용하고 있기는 하지만 많이 사용 되어 지지 않고 있다.

최근에는 전자회로의 콘덴서와 저항의 시정수(time Constant)를 이용하여 동작시간을 조정하는 전자식 IC 타이머가 사용이 되고 있는데, 전자식 타이머는 콘덴서의 충전시간과 방전시간을 조절하여 접점을 가동시키는 회로를 가지고 있으며, 정밀도가 매우 높으며 시간분해도가 매우 세밀히 조작할 수 있어서 많이 사용하고 있다.

이러한 타이머는 입력신호의 변화 발생 시간보다 정해진 시간만큼 뒤져서 출력신호의 변화가 나타나는 회로의 특성이 있기 때문에 시간 지연회로 (time delay circuit)라 하며 접점이 일정한 시간만큼 늦게 개폐되는 경향이 있다.

그래서 지연되는 경향에 따라서 한시 동작 타이머(ON delay Timer) 한시 복귀 타이머 (OFF delay Timer) 그리고, 동작과 복귀가 모두 늦은 한시 지연 타이머 (delay Timer)로 구분이 된다.

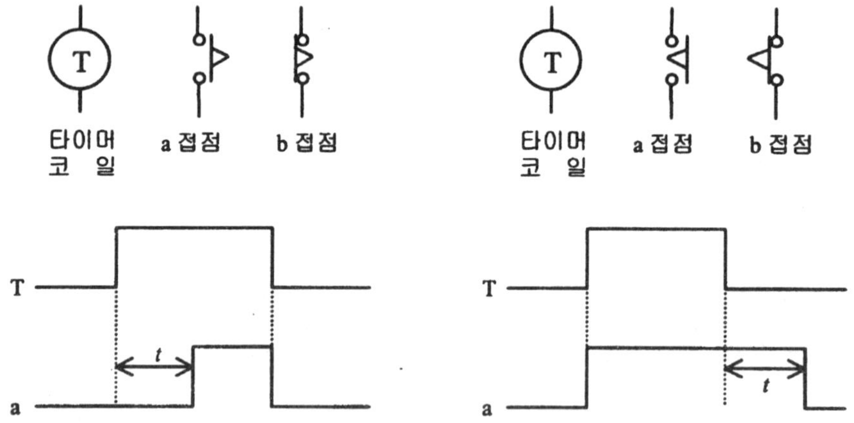

그림2-61 한시 타이머와 한시 복귀 타이머의 접점기호

그림2-61은 한시타이머와 한시 복귀 타이머를 나타냈는데, 타이머의 접점부의 △각형 모형의 방향을 유심히 보고 시퀀스도를 확인 후 부품 선정시 참고하여야 할 것이다.

현재 보통 사용되고 있는 타이머의 종류에는 교류 100/200V용과 직류 24/48/100V용이 사용되고 용량은 3/ 5/ 15[A]용으로 구분되며 3[A]용이 보편적인 시퀀스 제어에 사용이 되고 있으며 시간 분해도는 0.05초 ~ 24시간 등으로 종류가 다양하게 제작이 되고 있다.

타이머의 시간 선정은 제어하고자 하는 시간이 총 표기된 시간에 대하여 40 ~ 60%내의 것을 선정하는 것이 좋다.

2) 타이머에 대한 용어설명

①조작시간

전원회로에 규정된 전압이 가해지고 있는 시간

②휴지시간

조작시간이 끝난 후 다시 전원회로에 규정전압이 가해 질 때까지의 시간이며, 복귀시간보다 큰 값

③동작시간

입력을 가한 후 한시접점이 동작 완료할 때까지의 시간

④유지시간

한시동작을 완료 후 복귀를 시작할 때까지의 시간

⑤복귀시간

전원회로가 동작 중 또는 동작을 완료한 후 전원회로의 전압이 OFF되어 타이머가 사용전의 상태로 되돌아갈 때까지의 시간

규정 복귀시간 이하의 휴지시간으로 타이머를 사용할 경우에는, 동작시간이 짧게 되며, 순간동작을 하기도 하며, 어떤 경우에는 동작을 하지 않으므로 정상적인 타이머동작을 기대하기가 어렵다.

따라서 타이머의 휴지시간을 반드시 규정 복귀시간 이상이 되도록 한다.

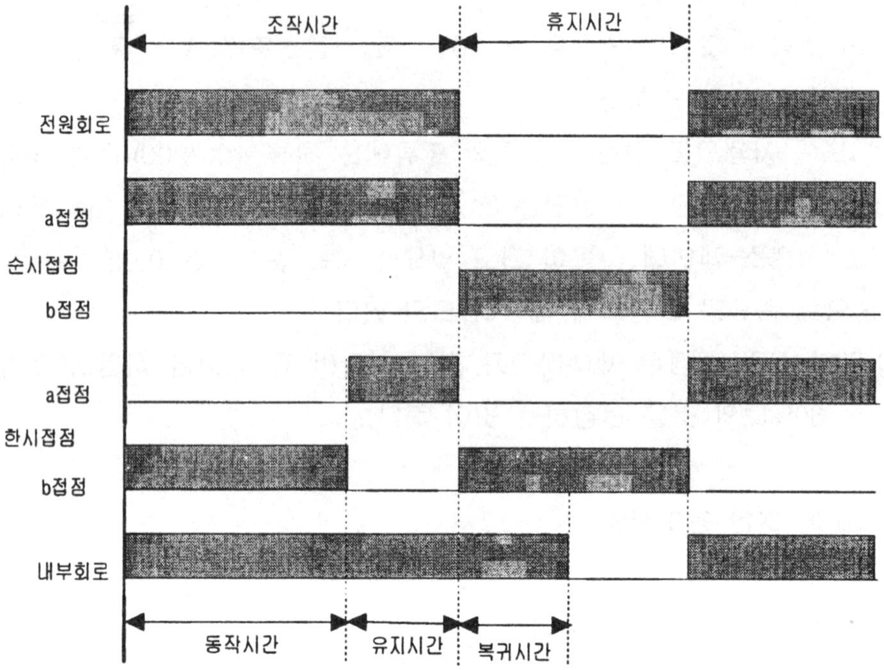

그림2-62 타이머의 시간 차트

⑥자기복귀

전원 회로의 전압을 OFF하여 복귀하는 것

⑦전기복귀

복귀 회로에 필요한 전압을 인가하여 복귀시키는 것

⑧수동복귀

수동 조작에 의해 기계적으로 복귀시키는 것

⑨반복오차

임의의 시간에 SET한 후 동일조건하에서 반복으로 동작했을 때의 오차를 말하며 반복오차 산출식은 다음 식으로 하고, 측정횟수는 5회 이상으로 한다.

$$\text{반복오차} = \pm\frac{1}{2} \times \frac{Tmax - Tmin}{TMs} \times 100(\%)$$

Tmax : 동일 설정치에 의한 동작시간 측정치의 최대치

Tmin : 동일 설정치에 의한 동작시간 측정치의 최소치

TMs : 타이머의 최대 설정시간

(단, 디지털 타이머의 경우는 설정시간 = TMs로 한다)

3) 타이머의 접점

타이머의 접점은 보통 2가지로 구분이 되는데 순시접점과 한시 접점으로 구성이 된다.

순시접점은 타이머의 코일 전원이 가해지는 순간에 접점이 동작되고, 타이머의 코일 전원이 차단되는 순간에 접점이 차단되는 릴레이 형식의 접점이고, 기호도 일반 접점기호와 동일하다.

한시 접점은 타이머의 코일에 전원이 가해지고 설정된 시간 후에 동작이 되는 접점을 의미한다.

앞에서 설명하였듯이 한시 형과 한시 복귀형의 △모형에 따라 타이머의 특성을 달리 표시하고 있는 점을 알아두어야 한다.

표2-23은 타이머의 접점에 대한 설명이다.

4).FSE-SERIES 타이머의 사양

①입력의 접속

입력방법에는 유 접점에 의한 방식과 무접점에 의한 방법으로 구분이 된다.

유 접점 방식에서는 접점 ON시 INHIBIT, 리셋을 구동시킬 수 있으며, 접점으로는 리미트 스위치나 마이크로 스위치, 푸쉬버튼 등 신뢰성이 우수한 접점을 사용한다.

릴레이 접점은 DC 5[V] 100[㎂]의 작은 전류에도 충분히 개폐할 수 있는 접점을 사용한다.

무접점 입력은 센서의 트랜지스터가 ON시 INHIBIT, 리셋을 구동시킬 수 있으며, NPN형의 오픈 콜렉터형 센서를 사용하도록 한다.

표2-23 타이머의 접점에 대한설명

명 칭	기 호	설 명
a 접점	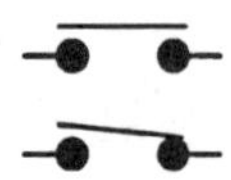	계전기 입력이 인가되고 있지 않을 때, 열려 있는 접점
b 접점		계전기 입력이 인가되고 있지 않을 때, 닫혀 있는 접점
	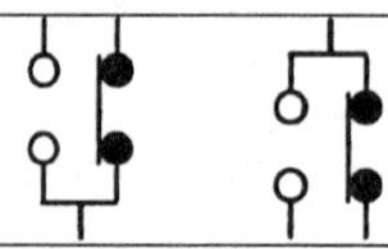	b접점이 우측 또는 상측에 온다.
한시동작 접 점		①은 a접점 ②는 b접점
한시복귀 접 점		①은 a접점 ②는 b접점
수동조작 자동복귀 접 점	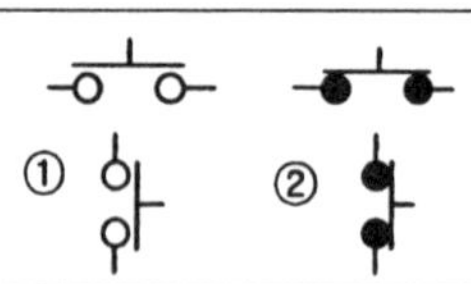	푸쉬버턴 스위치 조작접점을 나타낸다. ①은 a접점 ②는 b접점

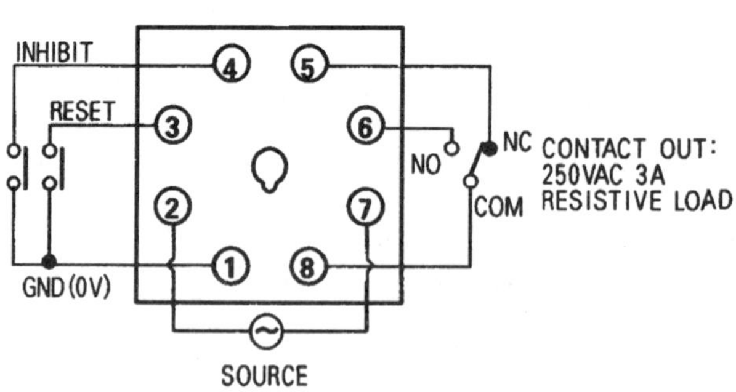

그림2-63 FS4E의 단자 배치도

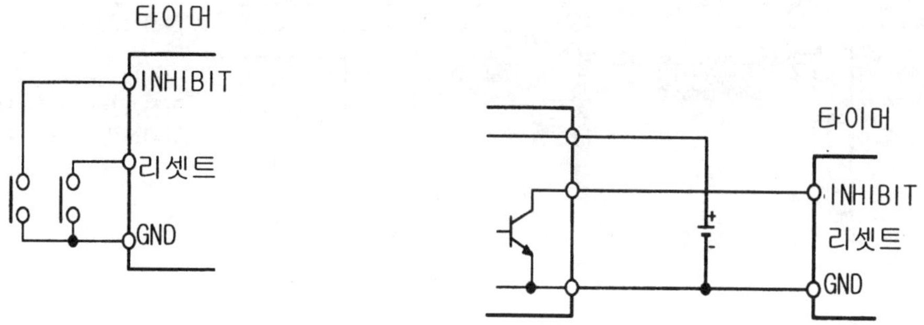

그림2-64 유접점/무접점의 입력접속

②FS4E의 설정모드

SW 1 \ 모델	FS4E	FS5EI
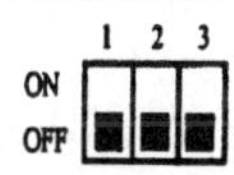	99.99sec	9999.9sec
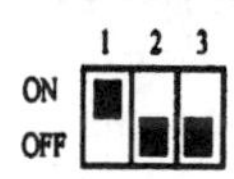	999.9sec	99999sec
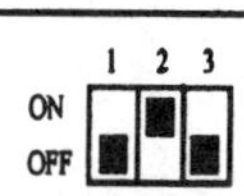	9999sec	9min 59.99sec
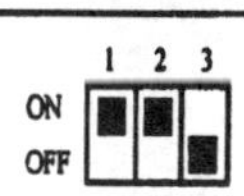	99min 59sec	99min 59.9sec
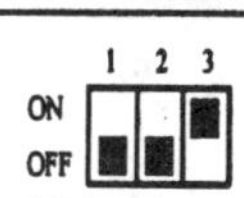	999.9min	9999.9min
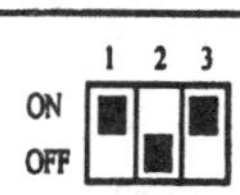	99hour 59min	9hour 59min 59sec
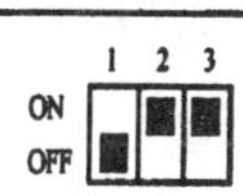	999.9hour	999hour 59sec
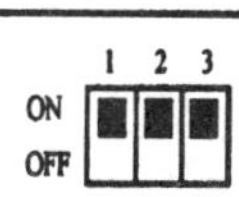	9999hour	9999.9hour

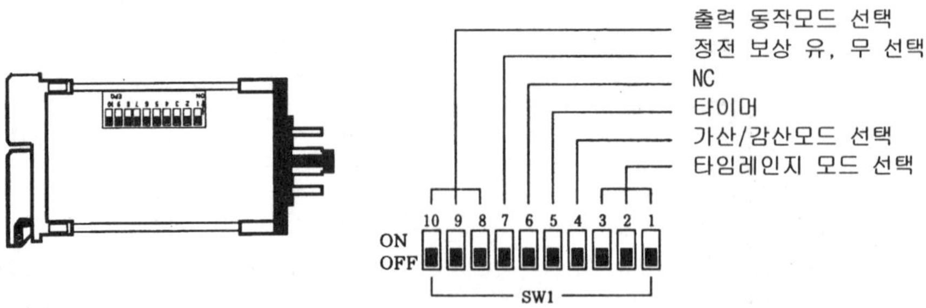

SW1	기능
4 ON	감산모드
4 OFF	가산모드

SW1	기능
7 ON	정전 보상 무
7 OFF	정전 보상 유

그림2-66 FS4E의 설정단자/동작시간 설정

③타이머의 전원 설치

전원 투입 후 100㎳ 사이에 내부회로의 전압이 상승하는 시간이므로, 이 시간 사이의 입력에 대해서는 동작을 하지 않는 수가 있다.

또, 전원개방 후 300㎳의 사이에는 내부회로의 전압이 하강하는 시간이므로 주의한다.

전원을 공급하여도 표시부(Display)가 점등되지 않는 경우는 외부리셋이 걸려 있으므로 외부 리셋 단자를 개방한다.

전원전압은 허용전압 범위 내에서 사용하여 주시고 전원 투입시나 차단시 채터링이 생기지 않도록 스위치 등에 의해 단번에 전원을 공급 또는 차단한다.

④외부 입력 신호라인 설치

검출센서로 부터 타이머까지의 거리를 될 수 있으면 짧게 한다.

입력선은 다른 동력선 등과 같은 배관을 쓰지 않도록 한다.

입력배선이 길어지는 경우 쉴드(Shield)선을 사용한다.

⑤리셋 신호의 취급

리셋 입력은 입력방식에 관계없이 유접점 · 무접점의 어느 것 중 200 ㎳이상의 리셋 신호를 주면 리셋이 된다.

입·출력 동작 모드를 다시 선택했을 경우에는, 전원 투입 후 반드시 외부 리셋이나 수동 리셋을 시켜준다.

리셋를 시키지 않으면 변경 이전의 모드로 동작하므로 주의한다.

⑥INHIBIT 사용

INHIBIT는 타임이 진행중일 경우, 타임의 진행을 잠시 멈추고자 할 때 사용이 되며, 다시 신호가 멈추면 다시 타임이 연속적으로 진행이 되며 접점은 a접점이 사용이 된다.

⑦출력동작모드

모 드	가 산 모 드	감 산 모 드	TIME UP 후 동작
F SW1 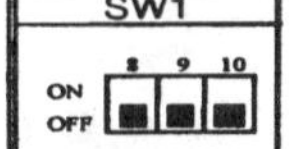	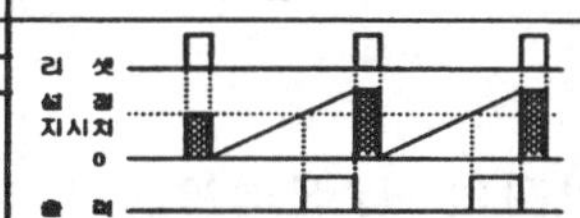	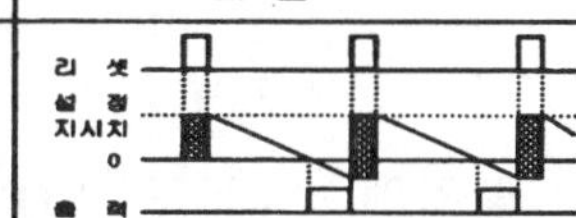	· RESET 신호를 인가할때까지 지시치는 계속 진행되며, 출력은 HOLD됩니다.
N SW1 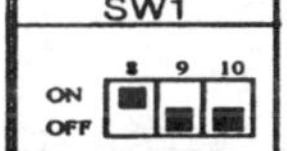	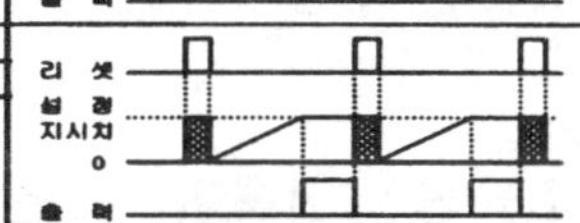	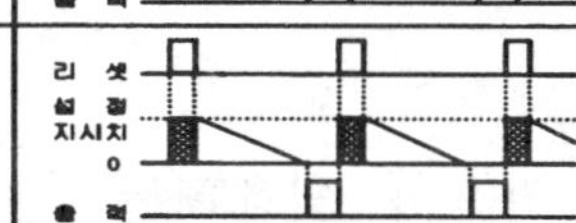	· 지시치와 출력은 RESET 신호를 입력할때까지 유지됩니다.
C SW1 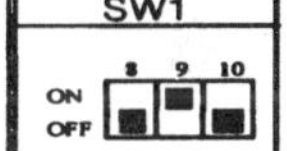	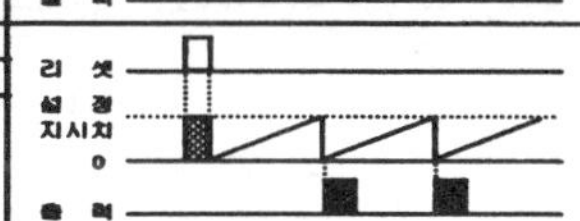	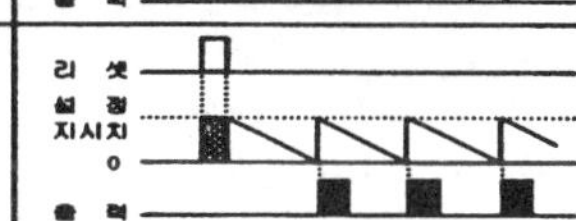	· 지시치는 RESET되며, 출력은 ONE SHORT TIME 후 OFF됩니다. • 지시치는 출력과 무관하게 동작합니다.
R SW1 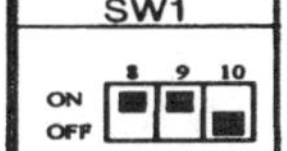	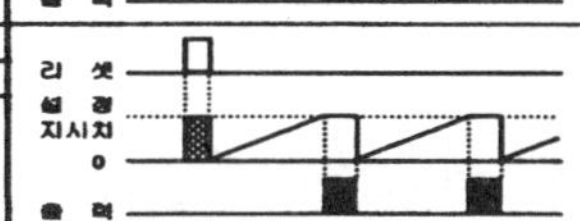	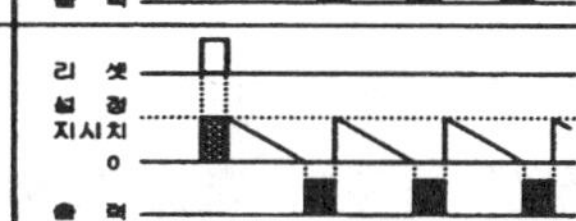	· 지시치는 출력이 OFF될 때까지 유지됩니다. · 출력은 ONE SHORT TIME 후 OFF됩니다.
K SW1 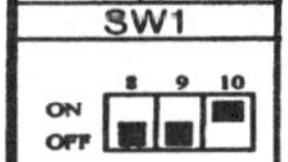	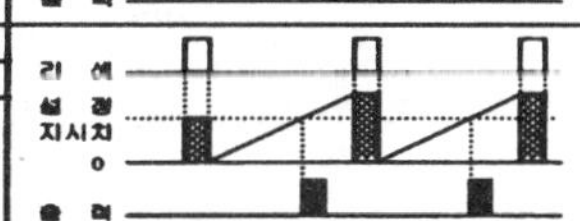	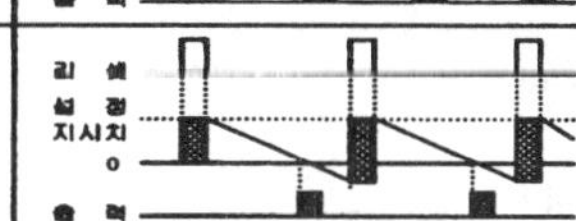	· 지시치는 RESET신호를 입력할때까지 계속 진행되며 출력은 ONE SHORT TIME 후 OFF됩니다. • 지시치는 출력과 무관하게 동작합니다.
P SW1 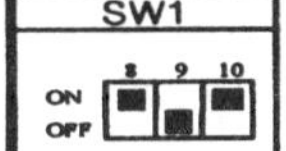	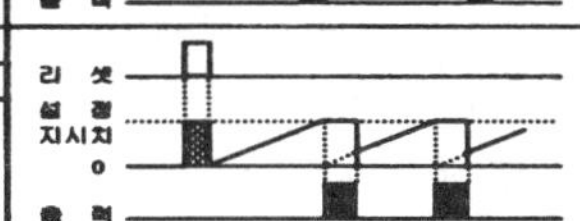	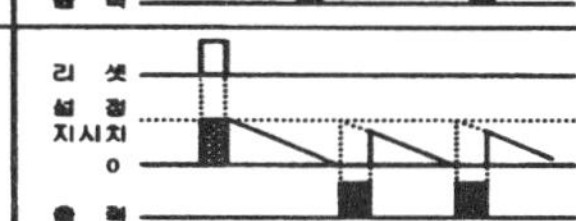	· ONE SHORT TIME동안 출력과 지시치는 HOLD되며, 완료시 출력은 OFF, 지시치는 카운트 UP시점부터 재카운트한 지시치를 표시합니다.
O SW1 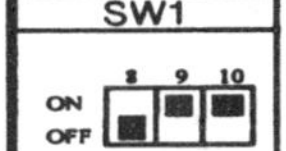	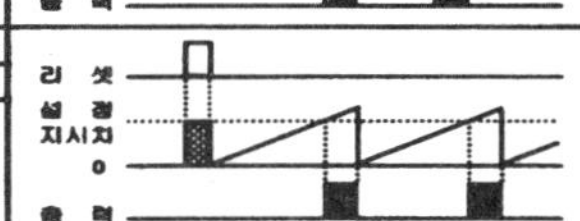	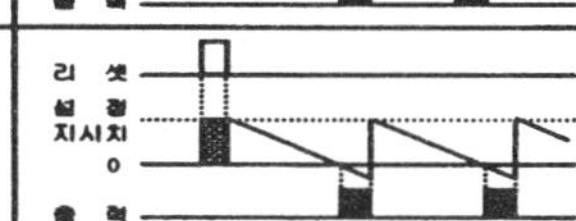	· 지시치는 OFF될 때까지 계속 진행되며, 출력은 ONE SHORT TIME 후 OFF됩니다.
S SW1 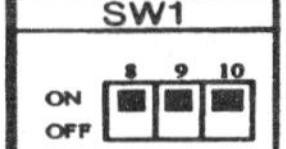	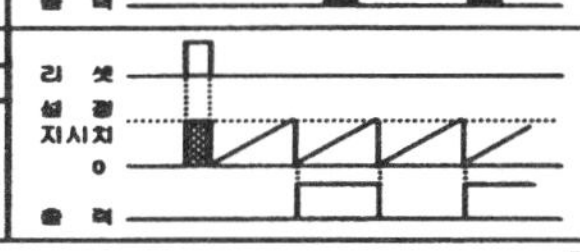	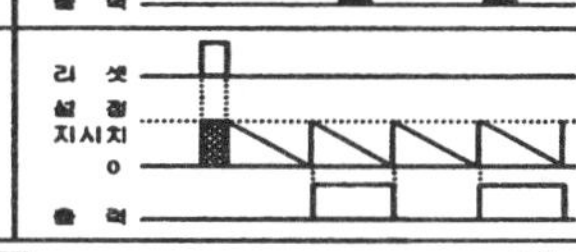	• 반복기능(FLICKER) · 초기설정값까지 출력은 OFF · 두번째 설정값동안 출력이 ON · 반복동작이 이루어짐

← One Short 출력(0.1 ~ 3sec설정)　← Hold(자기유지 출력)　← NON-DISPLAY

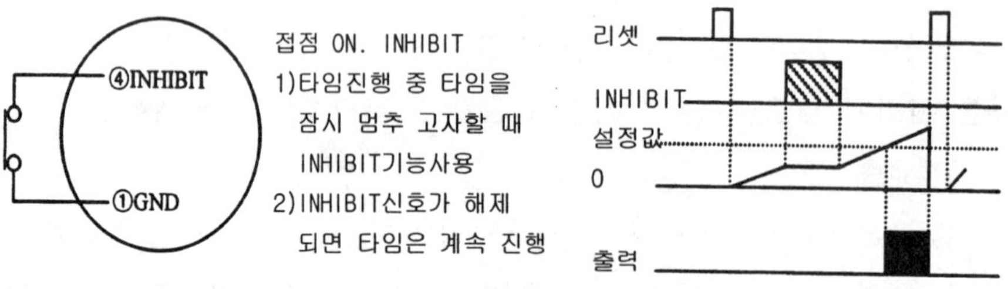

그림2-67 INHIBIT의 사용법

⑧타이머의 설치환경

·강력한 진동 및 충격에 의해서 타이머의 내장부품이나 구조부품이 스트레스를 받을 수 있는 장소

·인화성, 부식성 가스가 발생하는 장소, 물, 기름이 튀는 장소, 먼지가 많은 장소

·강한 자기나 전기적 노이즈를 발생하는 기기의 근접 장소

·고온, 다습도가 정격을 초과하는 장소

·강 알카리성, 강산성 물질이 직접 나오는 장소

·직사광선이 쪼이는 장소

위의 장소 등은 피하는 것이 좋다.

⑨노이즈(NOISE)대책

·전원단자간의 임펄스(IMPULSE)전압에 대해서는 2KV, 펄스폭 1㎲에서 각각 시험한다. 이 수치를 초과한 임펄스성의 노이즈 전압이 발생하는 경우는 전원단자간에 0.1~1㎲정도의 교류용 MP콘덴서 또는 유입(Oil)콘덴서를 접속한다.

·제어반에 조립하려 넣은 상태에서 전기회로의 내전압시험, 임펄스(IMPULSE)전압시험, 절연저항측정 등을 하는 경우에는 제품을

회로에서 완전히 분리시키고, 단자부의 전 단자를 단락(SHORT)시켜야하며, 단락 시키는 이유는 제어반의 일부 기기가 부품의 내압 및 절연불량 등이 생기는 경우에 제품 내부회로가 파손되는 것을 방지하기 위해서 이다.

·타이머가 동작 중에 갑자기 기능이 마비되었을 경우 (엉뚱한 숫자가 표시되거나 숫자가 전혀 나오지 않을 경우)

전원을 ON, OFF하면 정상동작을 하는 경우가 있으나, 규정치 이상의 강력한 노이즈가 타이머 내부의 마이크로 컴퓨터에 유도되어서 발생하는 문제이므로 이와 같은 유도성 부하를 타이머 입력신호라인으로부터 멀리 하여 주고, 유도성 부하양단에 써지업소바를 삽입하여 노이즈를 차단시킨다.

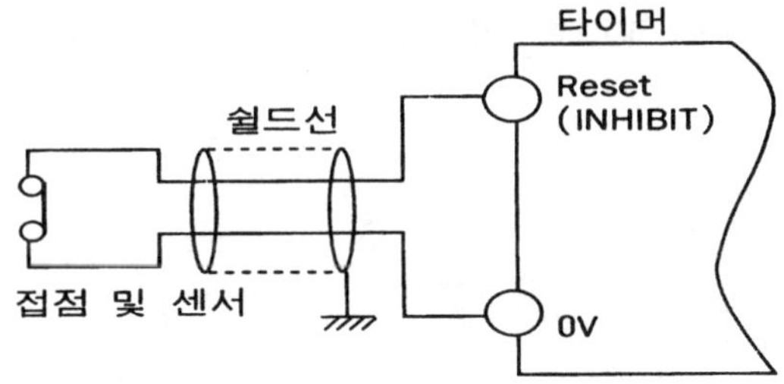

그림2-68 타이머 입력신호에 대한 노이즈 대책

마.프리커 타이머(Solid State Multi TIMER)

일명 프리커(FLICKER)릴레이 또는 프리커 타이머라고 칭하기도 하며 설정된 시간차에 대하여 반복하여 한시접점부가 ON/OFF가 되는 특징을 가진 타이머를 칭하며, 주로 경보의 의미로써 부하에 LAMP 또는 BUZZER를 연결하여 사용하거나 규칙적인 펄스 신호를 입력하는 장치로 많이 사용하고 있다.

1) 반복기능(FLICKER)

①프리커 회로는 보조Relay 3개와 2대의 Timer를 사용하여 Flicker

기능을 만들어 사용하던 것을 최근에는 1대의 프리커 타이머로 구성할 수 있다.

②위의 프리커 타이머를 사용하여 회로를 구성할 경우 자주 사용되고 있는 Flicker(반복)기능을 경제적으로 간단히 구성할 수 있다.

2) 반복기능의 입력 신호 조건

①유접점으로 입력할 때

접촉 신뢰성이 좋은 금도금한 스위치류를 사용하고, 접점 바운드 시간은 Timer동작 시간에 대하여 오차가 되기 때문에 Start 입력 접점은 바운드 시간이 짧은 스위치류를 사용한다.

개방저항은 100kΩ이상, 단락저항은 1kΩ이하로 하고, DC 5V 0.5mA의 작은 전류도 충분히 개폐할 수 있는 신뢰성이 우수한 접점을 사용한다.

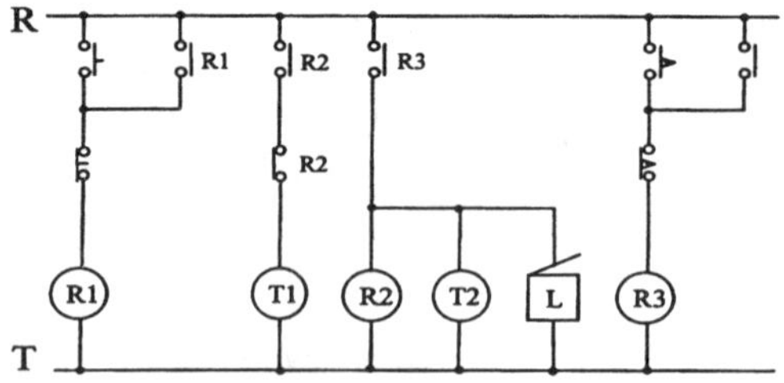

종래의 방법

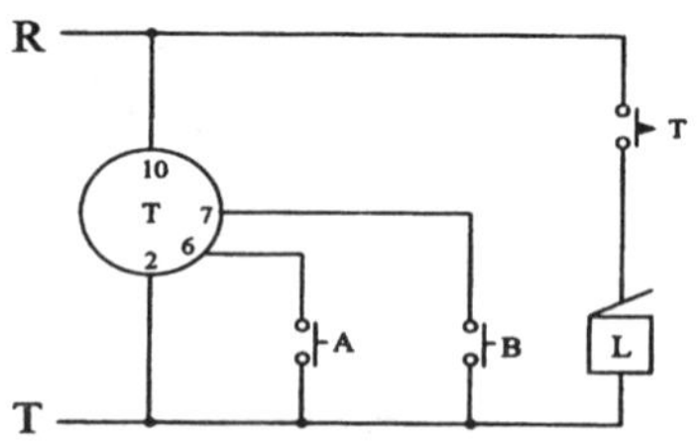

프리커타이머 사용방법

그림2-69 프리커 회로

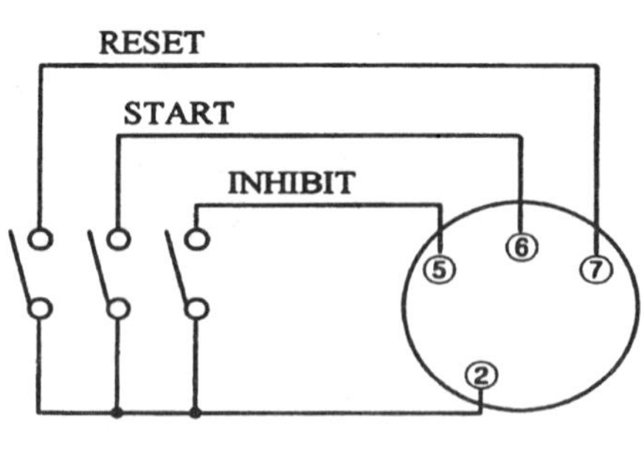

그림2-70 유접점의 접속

②NPN OPEN 콜렉터 Type으로 입력할 때

사용 가능한 트랜지스터의 특성은 Vceo=10V이상, Ic=10mA이상, 1cbo=0.2㎂이하의 트랜지스터를 사용하며, 또한 입력 임피던스는 1㏀이하로써 잔류전압은 0.5V이하의 특성을 가진 트랜지스터를 사용한다.

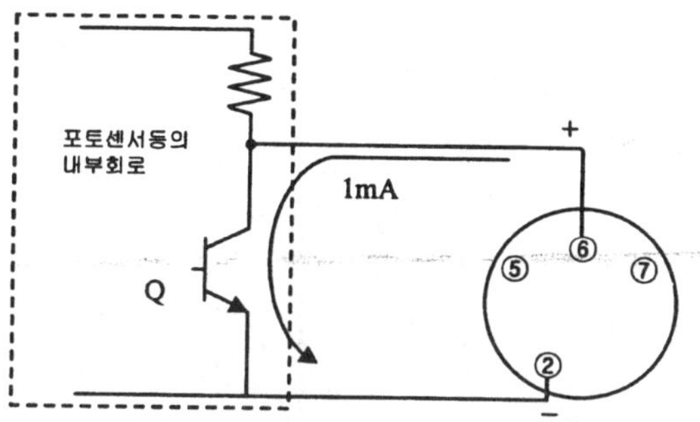

그림2-71. NPN OPEN 콜렉터 방식의 입력

③NPN 유니버셜 Type으로 입력할 때

출력전압이 DC6 ~ 30V 범위인 무접점 회로에서 오픈 콜렉터 출력이 아닌 전압출력 방식도 입력 신호원으로 사용할 수 있으며, 이 경우 신호가 H→L로 변할 때 TIMER는 Start하고, 트랜지스터(Q)가 ON시 잔류전압은 0.5V이하로 하고, 각 신호의 최초 입력 신호시간은 0.05sec이상으로 한다.

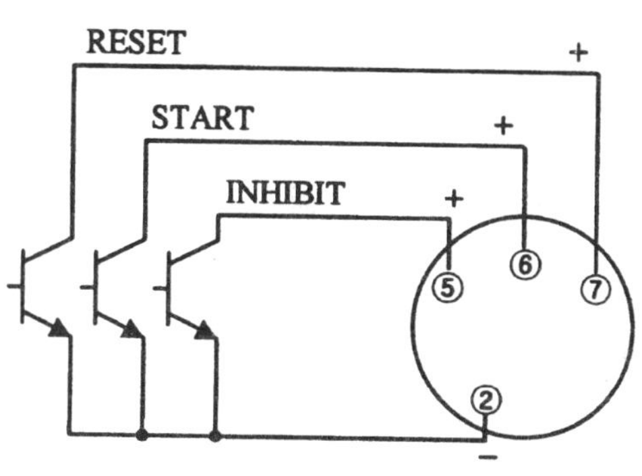

그림2-72 NPN 유니버셜 방식의 입력

3) 프리커 타이머의 취급법 및 주의사항

①사용 조건

주위온도 -10℃~+50℃의 범위 내에서 사용하며, 주위습도 85%이하에서 사용한다.

인화성 Gas나 부식성 Gas가 발생하는 장소, 먼지나 기름이 많은 장소, 진동, 충격이 심한 장소에서의 사용은 피하고, 본체는 프라스틱 재질임으로 메틸알콜, 벤젠, 신나등의 유기용제나 암모니아, 산성소다 등 강알카리성 물질의 주위에서의 사용은 피한다.

조 작 전 압	서 지 전 압
AC110V	3000V
AC220V	4000V
DC12/24V	500V
DC48V	1000V
DC100/110V	2000V

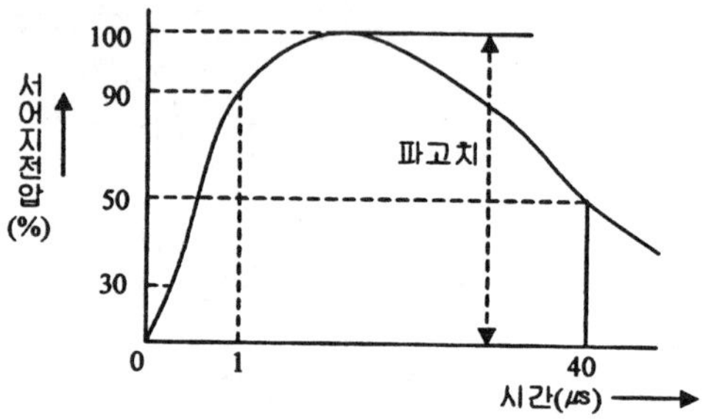

그림2-73. 프리커 타이머의 서지 전압에 대한 파고치

②외부서지에 대해서는 표준 파형으로 아래표의 값은 내 서지전압으로 하고 있으나, 이것 이상이 되면 내부회로가 파손될 수 있기 때문에 서지흡수 소자를 사용한다.

4) 단자에 대한 접속법

①단자결선은 단자결선도를 참조하여 정확하게 처리한다.

②조작전원의 접속

·전원의 접속은 8Pin Type을 사용할 경우,

AC Type은 단자 ②-⑦에 전원을 접속하고, DC Type은 단자②에 (-)를 단자⑦에 (+)를 접속한다.

또, 11Pin Type을 사용할 경우

AC Type은 단자②-⑩에 전원을 접속고, DC Type은 단자②에 (-)를 단자⑩에 (+)를 접속한다.

·전원 스위치를 OFF한후 Timer 전원단자간에 유도전압, 잔류전압이 인가되지 않도록 주의고, 전원선을 고압선, 동력선과 평행하게 배선을 하면 전원 단자간에 유도전압이 발생할 경우가 있다.

·DC 전압에 대해서의 전원 ripple은 10%이하이며, 전원전압은 허용변동 범위 내에서 사용한다.

·전원전압은 Switch, Relay등의 접점을 사용하여 단번에 인가하도록 하며, 서서히 전원을 인가하면 설정치와 관계없이 Time up하거나, 전원Reset가 걸리지 않을 수 있다.

③제어출력의 부하는 정격 부하용량 이하로 사용한다.

5) 휴지시간

한시 동작완료 후 또는 한시동작 중에 Timer의 조작전원을 OFF한 경우 0.5초 이상의 휴지시간을 주도록 한다.

6)시간 Range의 변경

①통전중에 시간 Range나, 동작MODE의 변경은 할 수 없으며, 변경한 후에는 전원을 OFF하거나 Reset입력을 인가시킨다.

②각 시간Range에 있어서 시간설정은 다이얼을 회전해서 사용할 표준위치에 고정한다.

7)입력단의 접속

AT Series는 Trans less전원방식으로 되어 있으므로 각종 신호입력의 접속에 있어서 단락 방지를 위하여 다음의 사항에 주의하여야 한다.

①1개의 입력신호로 복수의 Timer를 동시에 입력할 때 그림2-74와 같이 결선하면 전류가 흘러 내부회로 파손의 원인이 되기 때문에 절대로 하지 말고, 반드시 그림2-75와 같이 전원 위상을 맞추어 사용한다.

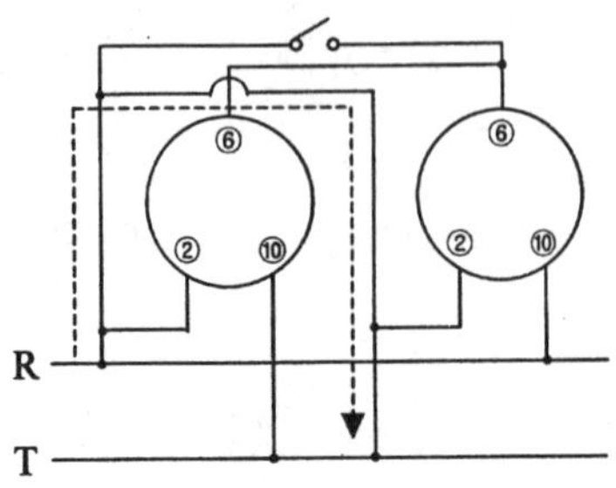

그림2-74

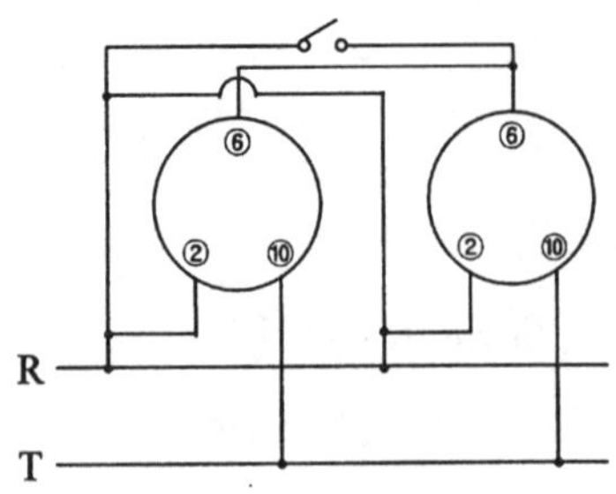

그림2-75

②AT Multi Timer(AT-11E)는 Trans less 전원방식으로 되어 있으므로 외부입력의 접속에 있어서 입력기기용의 전원은 1차와 2차가 절연된 전원Trans를 사용하되 2차 측을 접지 시키지 말 것.(그림2-76)

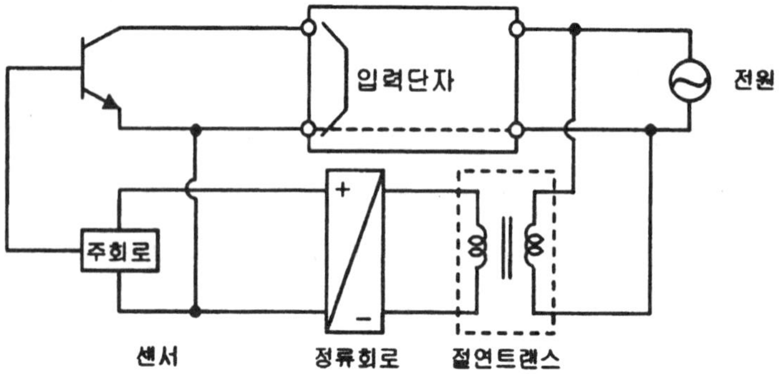

그림2-76 프리커 타이머의 트랜스를 사용한 전원접속

③그림2-77와 같이 단자⑩을 입력신호의 공통단자로 하면, Timer의 내부회로가 파괴되므로 그림2-78과 같이 단자②를 공통단자로 사용한다.

④입력 신호에서 Inhibit, Start, Reset는 입력으로 단자②-⑤, ②-⑥ 또는 ②-⑦을 단락 하는 것으로인가 되며, 다른 단자와 접속하거나, 과 전압을 인가하면 내부회로가 파괴되므로 절대 주의한다.

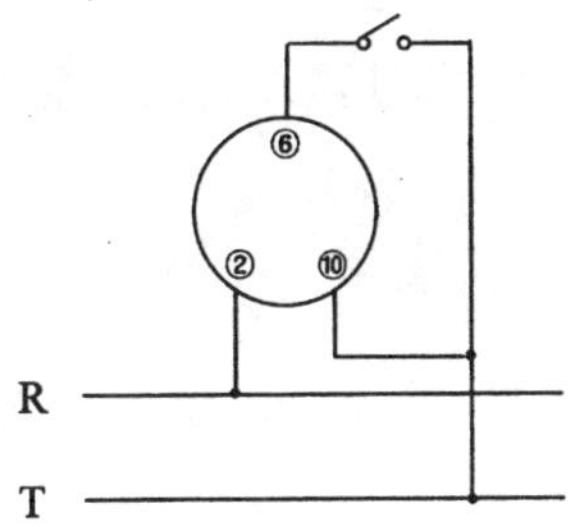

그림2-77

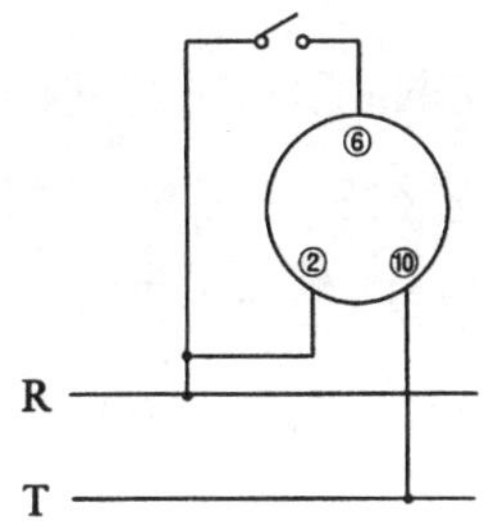

그림2-78

⑤입력배선은 고압선, 동력선과의 평행배선, 동일전선 배선을 피하고, 될 수 있는 한 쉴드선 또는 단독으로 금속 전선관을 사용하여 짧게 배선하여야 한다.

⑥Reset입력, Start입력, Inhibit입력에 접점을 사용할 경우는 금도금한 접촉 신뢰성이 좋은 스위치를 사용하고 또한, Start입력용 접점은 접점 바운드 시간(채터링)이 짧은 스위치를 사용하도록 한다.

8) 프리커 타이머의 취급 주의사항

①고온 중에 장시간 타이머의 출력을 동작한 상태로 방치하게 되면 내부 부품(전해 콘덴서 등)의 열화를 촉진시킬 수 있다. 이를 방지하기 위해서 아래 그림2-79와 같이 릴레이를 사용하도록 한다.

②장시간(예를 들면 1개월 이상)의 타이머 UP상태로 연속 동작은 피하여 사용하도록 한다.

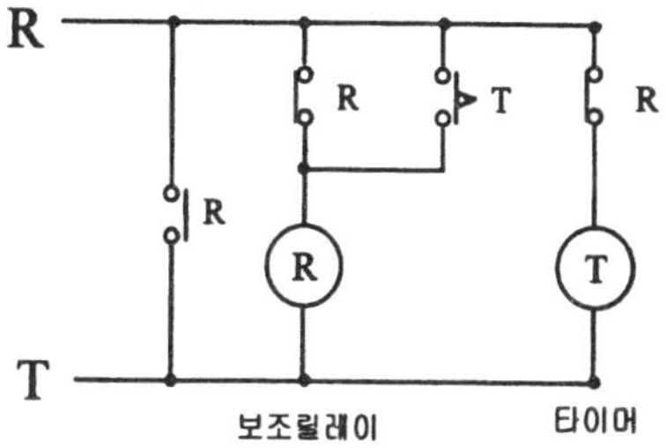

그림2-79 프리커 타이머의 보호회로

③조작전원을 ON, OFF하는 경우 Timer에 누설전류가 흘러 들어가지 않도록 유접점 방식으로 ON, OFF를 한다.
접점보호를 행할 경우 그림2-80과 같이 행하면 C,R을 통하여 누설전류가 흘러 오 동작이 발생하므로 그림2-81과 같이 결선한다.

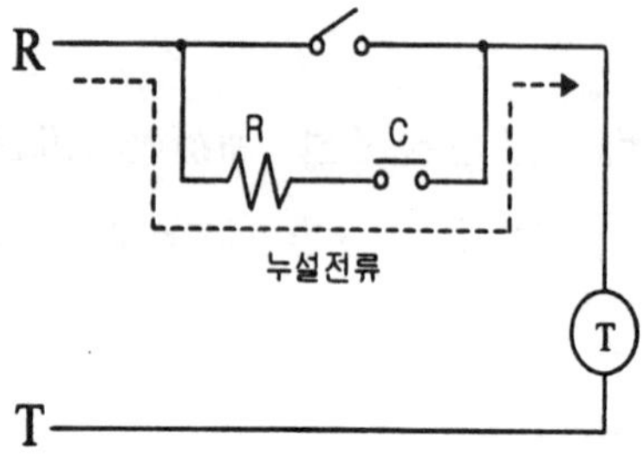

그림2-80

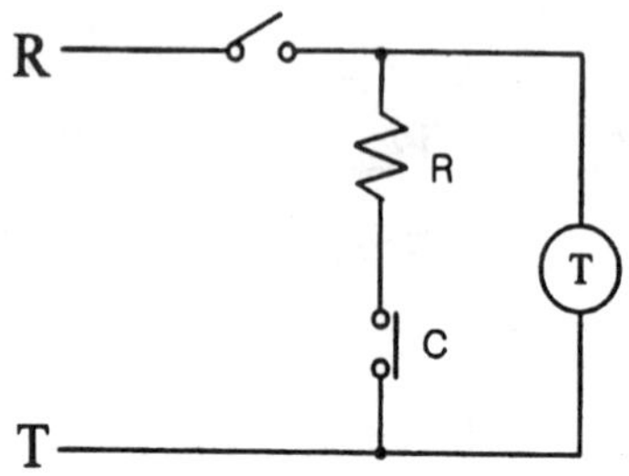

그림2-81

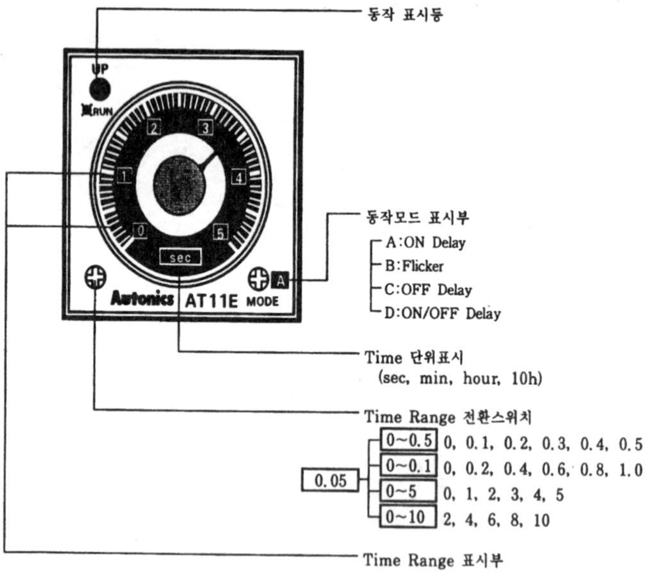

그림2-82 AT SERIES의 명칭

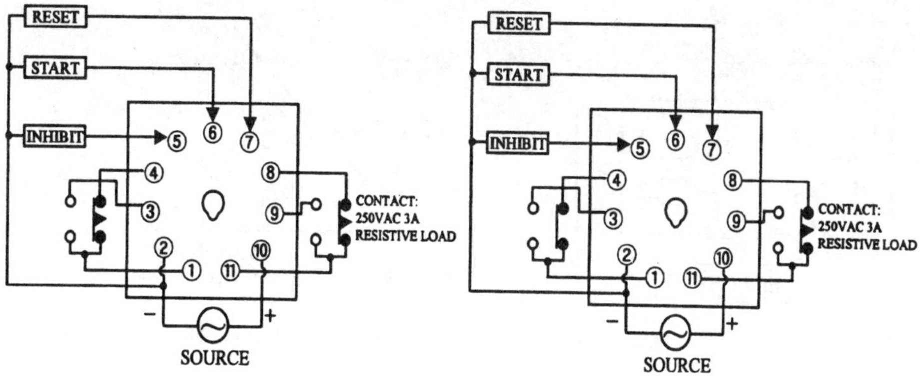

그림2-83 AT 11D 및 AT 11E의 단자배치도

바.카운터(Counter)

1) 카운터(Counter)의 개요

레지스터의 일종으로 입력신호 즉, 펄스 신호를 받음으로써 카운터의 수치가 1개씩 증가 또는 1개씩 감소하는 구성을 가지는 표시장치 또는 컨트롤러를 총칭하는 것으로, 보편적으로 카운터의 구성을 보면 2가지로 구분되어지고 있으며, 표시전용 또는 감산과 가산을 동시에 수행하는 구조에 컨트롤러가 내부에 내장되어 있어서 제어에 쓰이는 것이 있으며 응용하는 제어에는 수량제어가 기본이 되며, 수량제어부의 펄스신호는 보통 근접센서, 포토센서, 유전체센서, 리미트 스위치가 사용이 되고 있다.

길이제어의 응용에는 종이의 길이 비닐 등의 길이를 측정 제어하는데 이 경우 펄스신호는 보통 로터리식 엔코더를 많이 사용하고 있으며, 위치제어도 응용이 되고 있다.

2) 카운터의 종류

①전자식 카운터

각 기능의 구성요소에 트랜지스터 IC, 마이콤 등을 주요소로 한 카운터를 말하며, 그림2-84는 전자식 카운터를 나타낸 그림이다.

②프리셋 카운터(Preset Counter)

설정된 수치까지 계수 하였을 때 제어출력이 동작하는 카운터를 칭하며 그림2-85는 프리셋 카운터의 특성을 나타낸 그림이다.

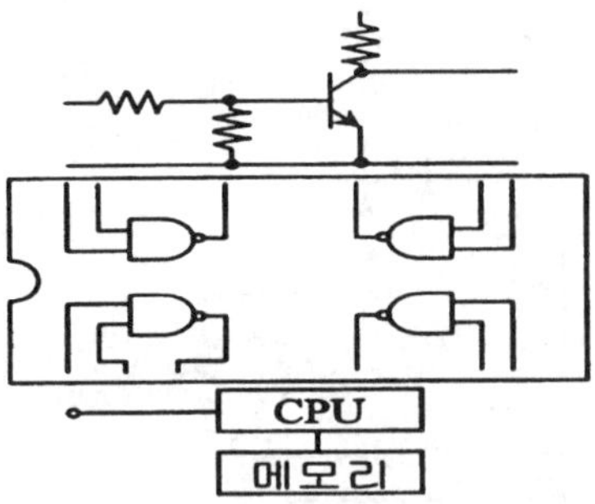

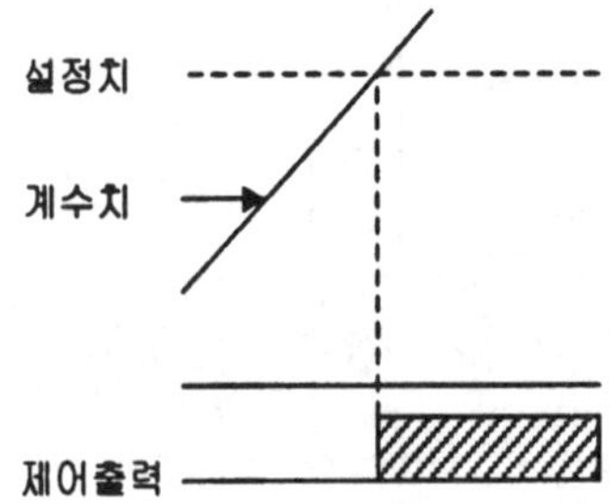

그림2-84 전자 카운터의 구조　그림2-85 프리셋 카운터의 동작특성

③토탈 카운터(Total Counter)

계수입력을 표시하는 카운터로서 제어출력이 없는 카운터를 말한다.

④메져 카운터(MEASURE COUNTER)

멀티 모드와 디바이드 모드의 기능을 가진 카운터

·멀티모드(MULTI MODE)

1개의 입력신호에 대해서 내부 SW3의 설정치를 곱해서 표시하는 모드 즉, 입력신호 x 메져 설정치 = 표시값

·디바이드 모드(DIVIDE MODE)

내부 SW3의 설정치 만큼 입력신호가 들어오면 1씩 표시하는 모드. 즉, 입력신호 ÷ 메져 설정치 = 표시값

3) 카운터에 사용되는 용어

①펄스(Pulse)

정상상태에서 진폭이 변화하여 임의의 시간만큼 지속된 후 원래 상태로 복귀하는 파형

②카운트(Count)

·카운트(Count)

펄스를 가하여 계수 하는 것

·미스 카운트(Miss Count)

주어진 펄스수와 계수값이 일치하지 않는 것

③CPS C (Count Per Secord)

계수속도를 표시하는 단위로 초당 펄스의 수

④듀티비(Duty Patio)

계수 입력신호의 ON시간과 OFF시간의 비율을 말하며 카운터의 최고 계수속도는 ON/OFF 비율이 1:1 일 때이다.

입력 계수 속도	ON or OFF 시간
10 CPS	50.00 ms
30 CPS	16.70 ms
1K CPS	0.50 ms
2K CPS	0.25 ms

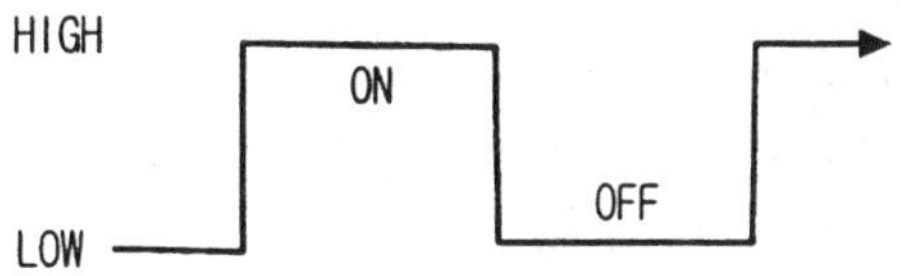

⑤최고 계수 속도

듀티비가 1:1인 입력펄스로 카운터를 동작시켰을 때 미스 카운트가 생기지 않고 출력부가 확실히 동작하는 범위를 정한 계수속도의 최고치, 계수속도를 표시하는 단위는 cps (1초당의 입력 펄스수)로 표시한다.

⑥카운트 업(Count up)

카운트 된 수치가 설정치에 이르러 출력부가 동작하는 상태.

⑦출력(Output)

·자기 유지 출력(Retained output)

설정치에 이르러 출력부가 동작하여 리셋 신호를 인가할 때까지 출력을 계속유지 하는 상태

·원 쇼트 출력(one shot output)

어떠한 설정치에 도달했을 때에 일정시간동안 출력된 다음 자동 복귀하는 출력, 전면의 TIME 볼륨으로 0.07~3sec 가변설정

⑧리셋/신호폭

·리셋(Reset)

계수부, 표수부 및 출력부를 계수 개시전의 초기상태로 하는 것으로 전원을 차단하는 전원리셋 (Power Reset) 리셋외부 단자에 신호를 주어 제어하는 외부 리셋(Remote Reset) 설정 값에서 출력을 얻은후 내부에서 발생하는 신호에 의해서 자동리셋이 되는 자동리셋(Automatic Reset)등이 있다.

·리셋 신호폭(Reset signal width)

리셋을 하기 위하여 전원차단 또는 외부(수동) 리셋 신호를 인가하는

데 필요한 최소 리셋 신호폭: 20ms이상

⑨제로 블래킹(Zero Blanking)

표시되는 자리수중에 불필요한"0"를 표시하지 않는 것으로 수치를 읽을 때 혼돈을 방지한다. (예: 00123→123)

⑩신호 출력

·무접점 신호 출력

트랜지스터에 의한 신호출력(그림2-86)

·접점 신호 출력

카운터에 내장된 릴레이 접점에 의한 신호출력(그림2-87)

·오픈 컬렉터 출력(open Collector output)

카운터의 무접점 출력에서 트랜지스터의 콜렉터에 부하가 없고 개방된 형태. 부하를 연결하여 사용할 때에는 허용, 유입전류 이하로 사용(그림2-88)

⑪유입전류 및 전압의 허용치

·허용 유입전류

오픈 콜렉터 출력회로에 있어서 트랜지스터로 흘릴 수 있는 전류의 허용치. 외부공급전원 사용시 DC30V 100mA이하(그림2-89)

·허용전압(인가전압)

오픈 콜렉터 등의 출력회로에 있어서 카운터 측에 인가시키는 전압의 허용치. 최대인가 전압은 DC30V.

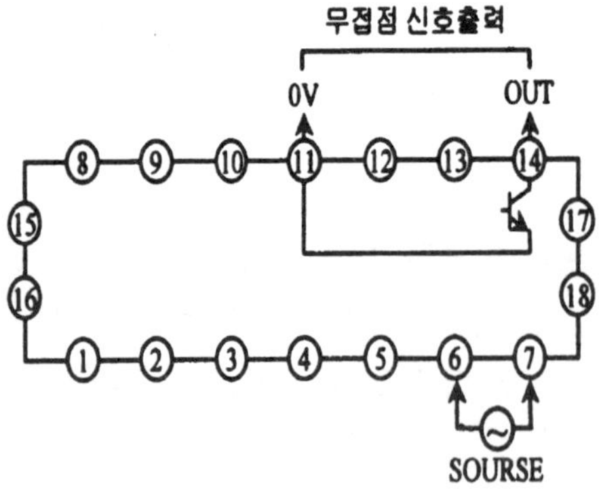

그림2-86 무접점 신호 출력

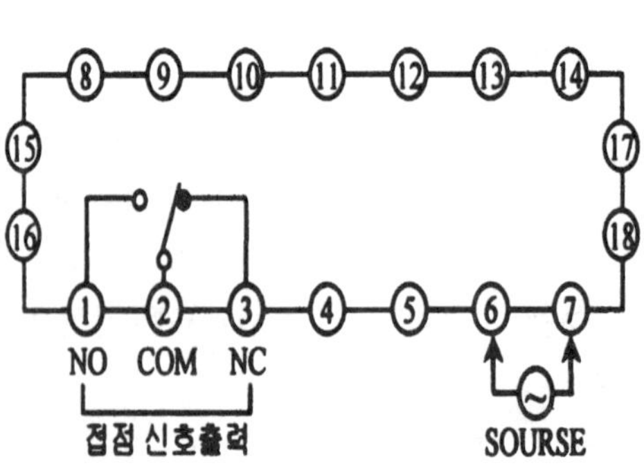

그림2-87 유접점 신호출력

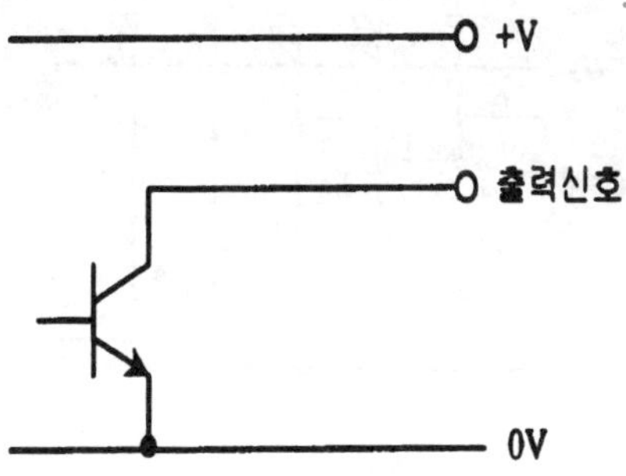

그림2-88 오픈 콜렉터 출력

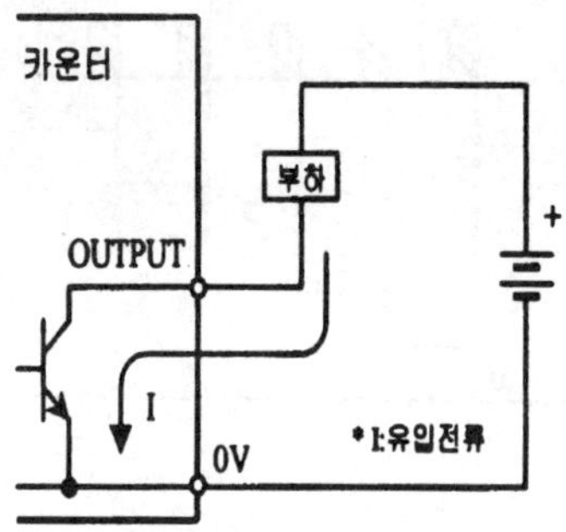

그림2-89 허용 유입전류

⑫신호입력

·무접점 신호 입력

트랜지스터 등의 반도체 회로의 출력(근접스위치, 포토센서, 로터리 엔코더, 광화이버 센서 등의 트랜지스터 출력)에 의한 신호입력(그림 2-90)

·접점 신호 입력

마이크로 스위치, 릴레이접점, 푸쉬 버튼 등에 의한 신호입력. (그림2-91)

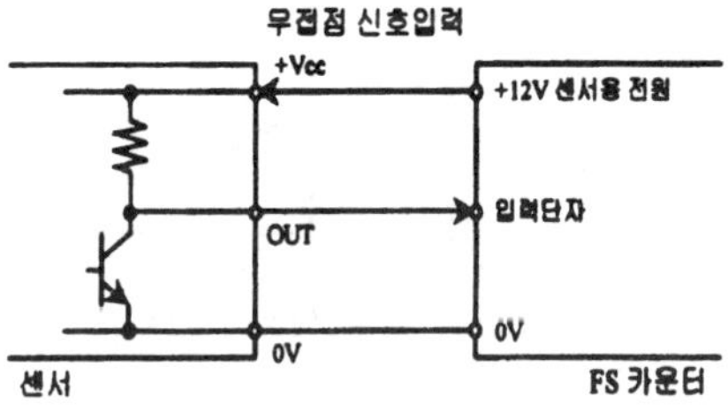

그림2-90 무접점 신호입력

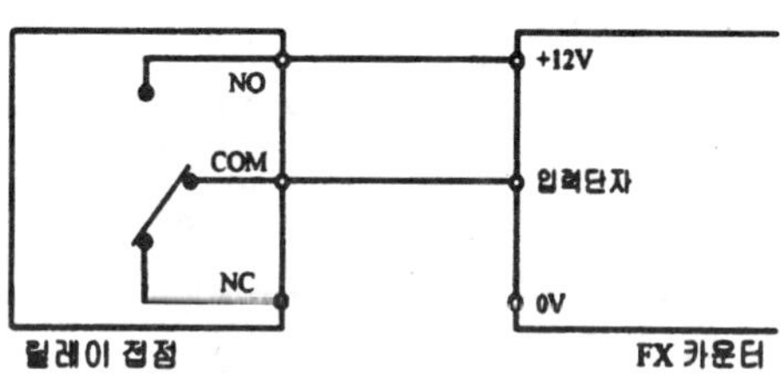

그림2-91 접점 신호입력

⑬카운트방식

·가산(up)카운터

계수 입력마다 수치가 증가되는 카운터(그림2-92)

·감산(Down)카운터

계수입력마다 수치가 감소되는 카운터(그림2-93)

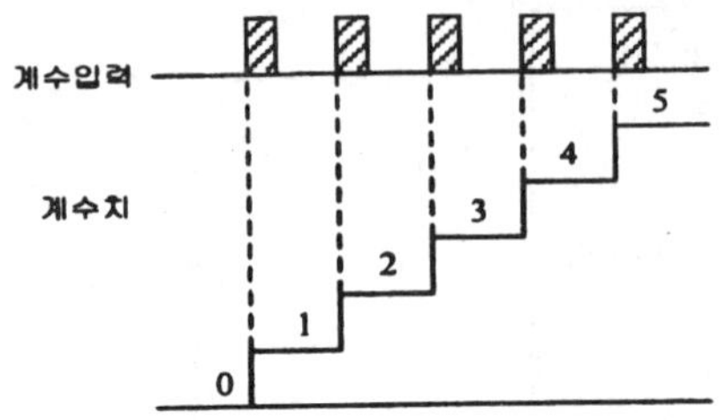

그림2-92 가산 카운터 계수

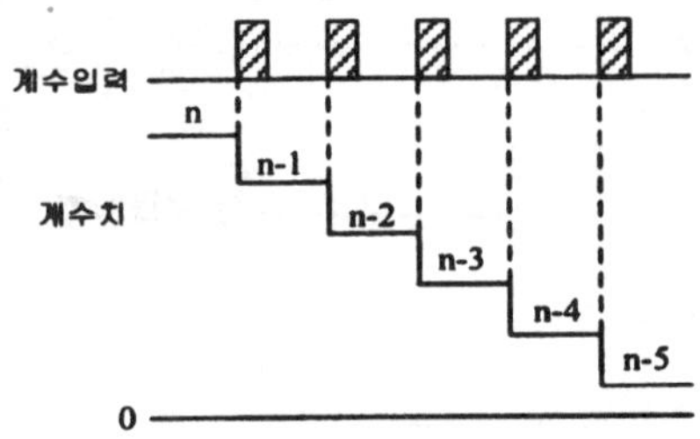

그림2-93 감산 카운터 계수

⑭가산, 감산모드

가산, 감산카운터에만 있는 모드로써 가산모드는 지시 값이 "0"에서 설정치로 계수 하는 모드이며, 감산모드는 지시 값이 설정치에서 0으로 계수 하는 모드이다. 내부DIP S/W로 선택하게 되어있다.

단, 표시전용 Type은 "0"에서 + 풀 스케일 또는 - 풀 스케일까지.

4) FS-SERIES의 개요

①입력의 접속

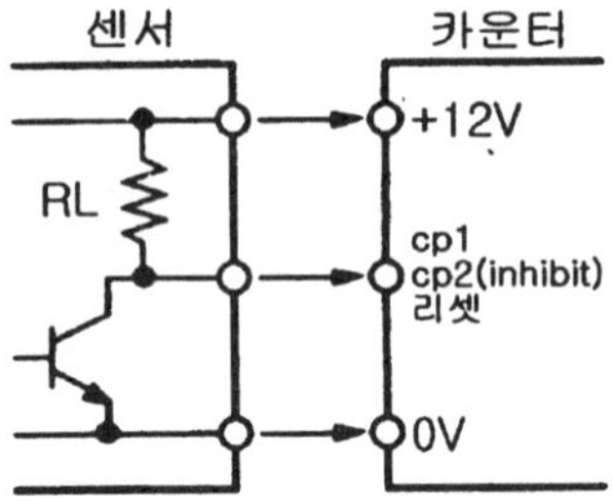

NPN 유니버셜 출력형센서

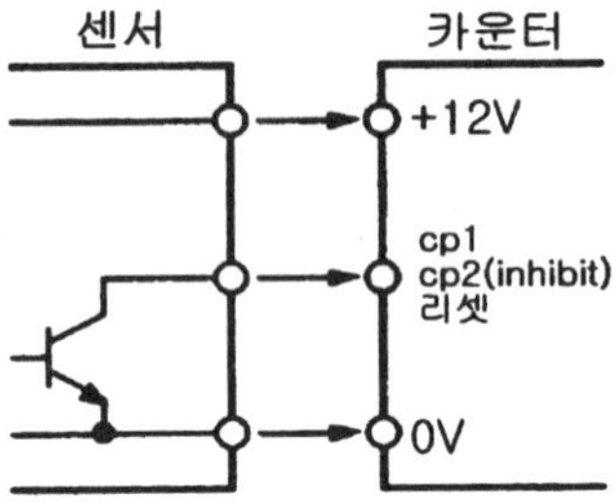

NPN 오픈 컬렉터 출력형 센서

그림2-94 무접점 입력

※ 무접점 입력/유접점 입력

근접센서에서 한 무접점 입력 방식에는 DC12V를 센서 전용으로 전원이 출력되고 있어서 이 전압을 직접 센서에 인가하여 사용할 수 있도록 되어 있으며, 센서의 접점신호를 카운터의 IN 또는 리셋에 접속되도록 하는 방식이며 유접점은 리미트 스위치 또는 마이크로 스위치의 접점을 카운터의 IN 또는 리셋에 바로 연결되도록 하는 방식의 입력이다.

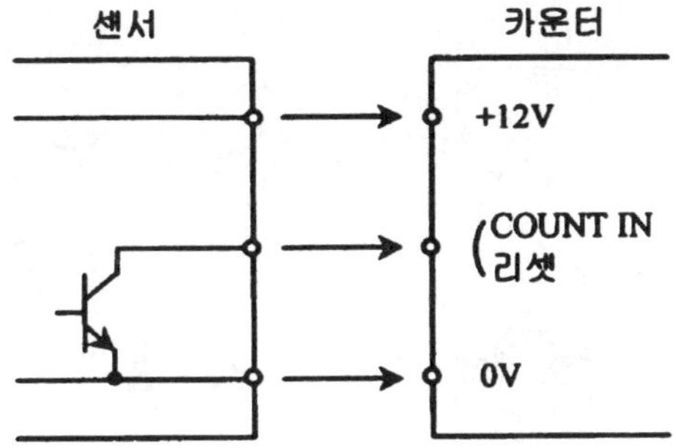

그림2-95 유접점 입력

②PNP 출력형 센서 사용법

·RL:근접 SW 부하저항(센서에 내장)

·R1:외부 접속용(1kΩ ~ 1.5kΩ)

·카운터의 입력 단락저항값이 1kΩ이하로 정격에 표기되어 있으므로 RL+R1의 합성저항값이 단락저항값 이하가 되게 R1값을 선정한다. (RL값은 센서의 기종에 따라 다르므로 주의한다.)

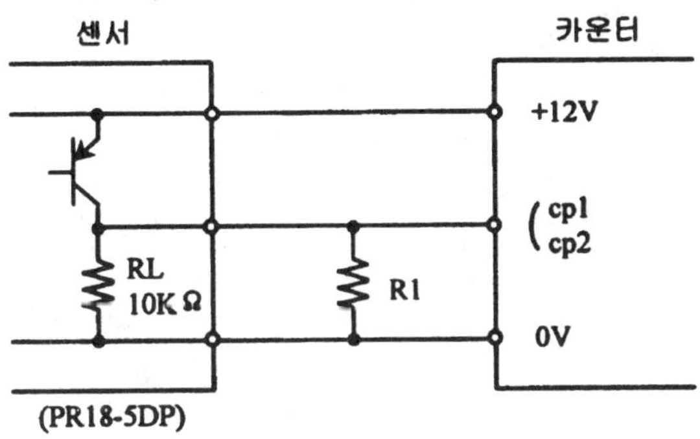

그림2-96 PNP 출력센서 사용법

③FS SERIES의 계수방식

센서의 접점방식에 따라서 NPN형과 PNP형으로 구분이 되며 NPN형은 근접시 OFF에서 ON시 계수를 하고 PNP형은 ON에서 OFF시 계수를 하는 차이점이 있으므로 카운트하는 방법에 따라서 주의하여야 한다.

또한 센서의 공급전압은 DC12[V] 500[mA]를 초과하지 않도록 하며, 접점용량 또한 AC 250V 3A를 초과하지 않도록 하고 카운터의 내부접점은 1a로 구성이 되어 있다.

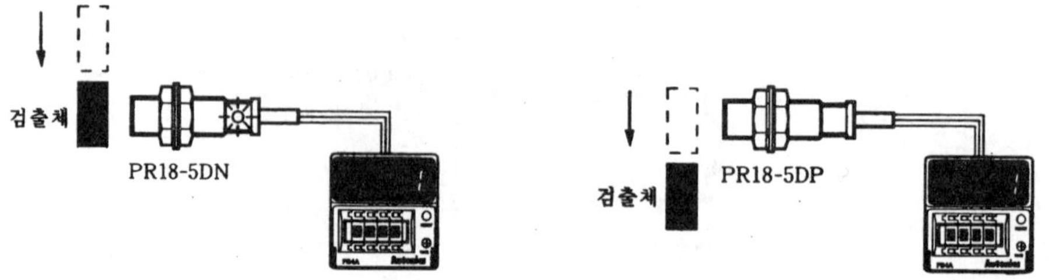

·센서가 OFF에서 ON시 계수　　　　·센서가 ON에서 OFF시 계수

그림2-97 NPN형과 PNP형의 계수차이

④출력동작 모드

SW1	가 산 모 드	감 산 모 드	카운트 UP후 동작
F 5 6 7 ON OFF	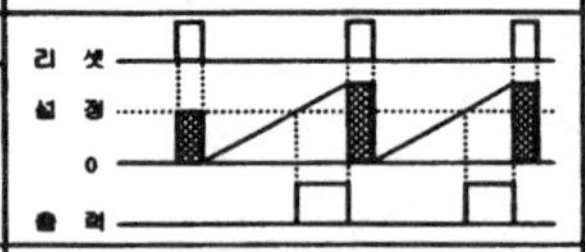	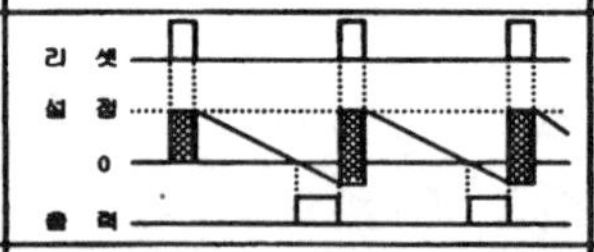	·RESET 신호를 인가할때까지 지시치는 계속 진행되며, 출력은 HOLD 됩니다.
N 5 6 7 ON OFF	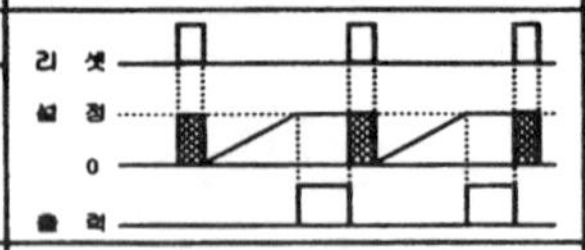	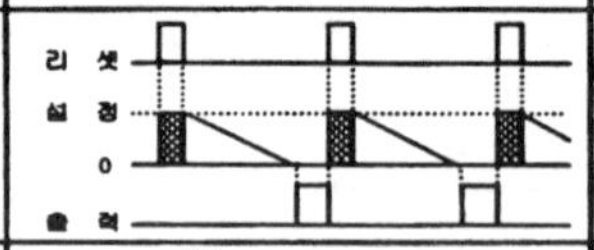	·지시치와 출력은 RESET 신호를 입력할때까지 유지됩니다.
C 5 6 7 ON OFF	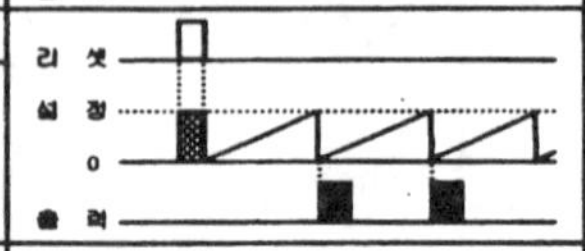	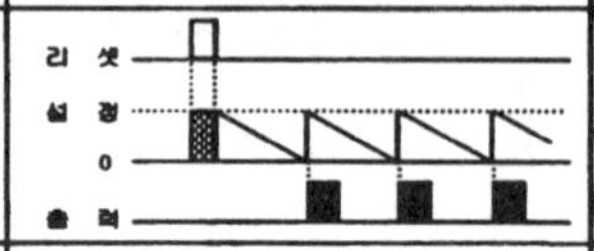	·지시치는 RESET되며, 출력은 ONE SHORT TIME 후 OFF됩니다. •지시치는 출력과 무관하게 동작합니다.
R 5 6 7 ON OFF	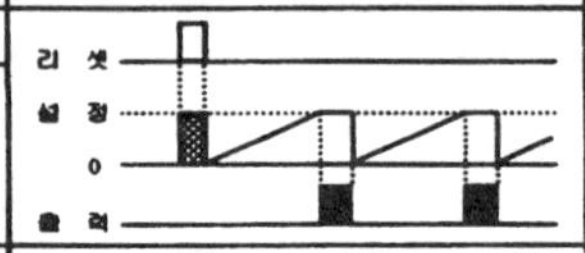	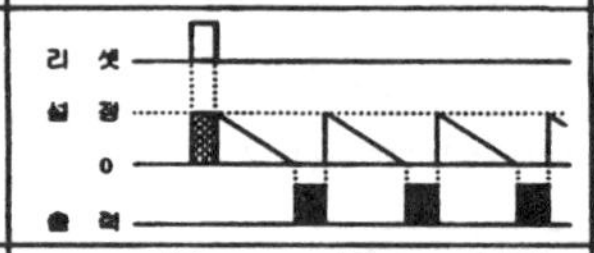	·지시치는 출력이 OFF될 때까지 유지됩니다. ·출력은 ONE SHORT TIME 후 OFF됩니다.
K 5 6 7 ON OFF	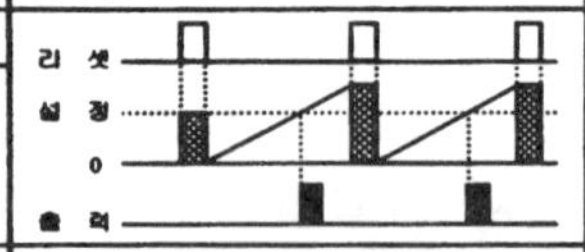	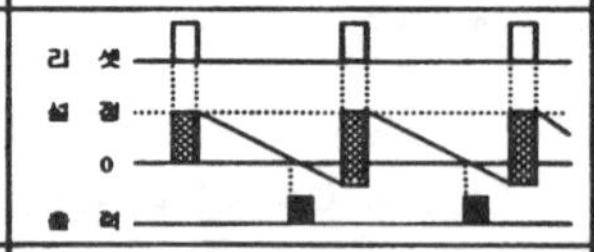	·지시치는 RESET신호를 입력할때까지 계속 진행하며 출력은 ONE SHORT TIME 후 OFF됩니다. •지시치는 출력과 무관하게 동작합니다.
P 5 6 7 ON OFF	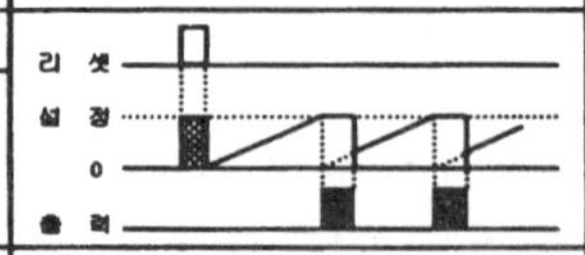	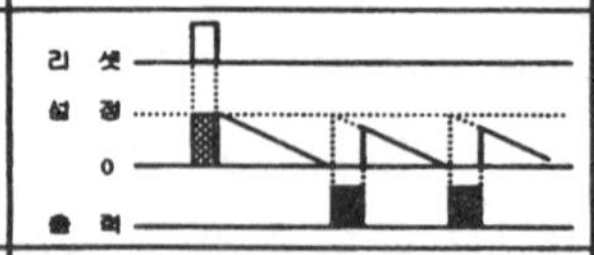	·ONE SHORT TIME동안 출력과 지시치는 HOLD되며, 완료시 출력은 OFF, 지시치는 카운트 UP시점부터 재카운트한 지시치를 표시한다.
Q 5 6 7 ON OFF	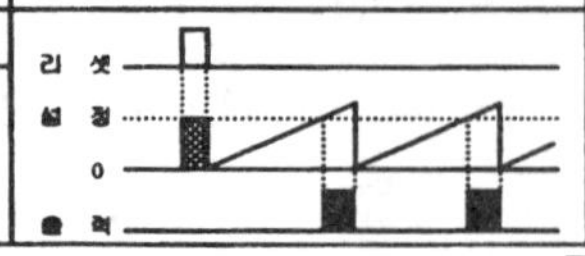	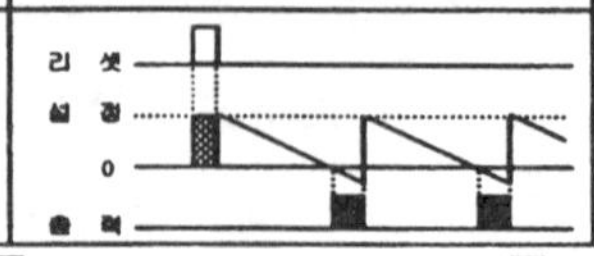	·지시치는 출력이 OFF될 때까지 계속 진행되며, 출력은 ONE SHORT TIME 후 OFF됩니다.
← One Short 출력(0.01 ~ 3sec설정)	← 자기유지 출력	← NON-DISPLAY	

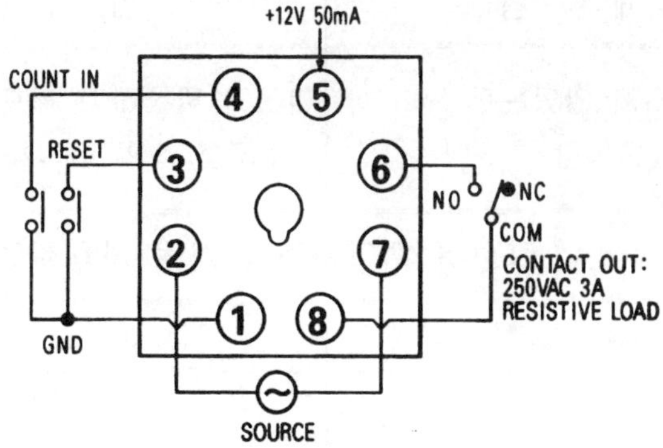

그림2-98 센서의 접속별/접속도

5) 카운터의 이상발견 및 조치법

①동일 전원라인 또는 가까이에 유도부하의 큰 모터나 솔레노이드(Solenoid)등이 설치되었을 경우

문 제 점	해 결 방 법
·입력신호가 입력되지 않았는데도 카운트가 된다.(오동작) ·카운터의 전원부가 파괴되어 동작하지 않는다.	·유도 부하(모터 또는 솔레노이드)를 멀리 떨어지게 하거나 전원에 노이즈 필터를 접속한다.

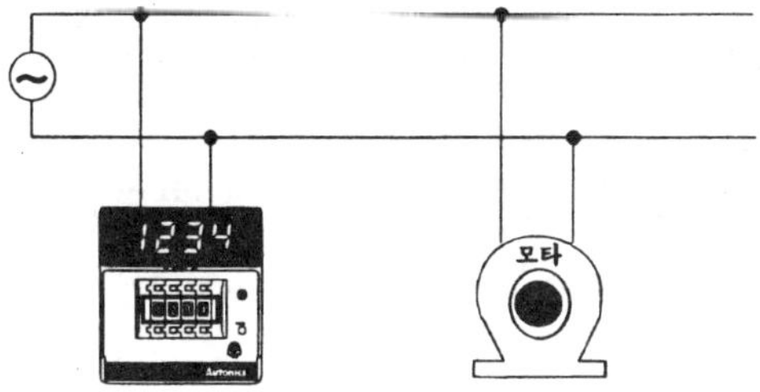

예제1 그림

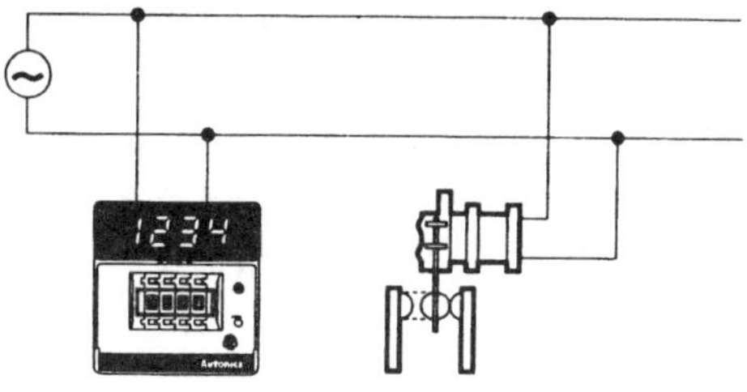

예제2 그림

②동일 전원라인 또는 부근에 접점 개폐시 아크가 발생하는 장소

문　　제　　점	해 결 방 법
·입력신호가 입력되지 않았는데도 카운트가 된다.(오동작)	·아크가 발생하지 않도록 서지 흡수 소자를 삽입 접속하다.

③입력신호용 접점을 신뢰성이 떨어지는 접점을 사용하였을 경우

문　　제　　점	해 결 방 법
·입력신호가 1회 동작에 여러 번 카운트 된다.	·접점의 신뢰성이 뛰어난 부품으로 교환 ·DC 5V 100μA의 작은 전류에도 충분히 개폐할 수 있는 접점의 소자를 사용.

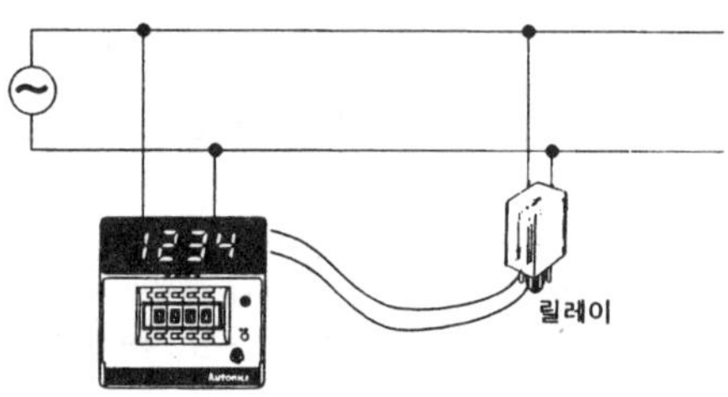

예제3 그림

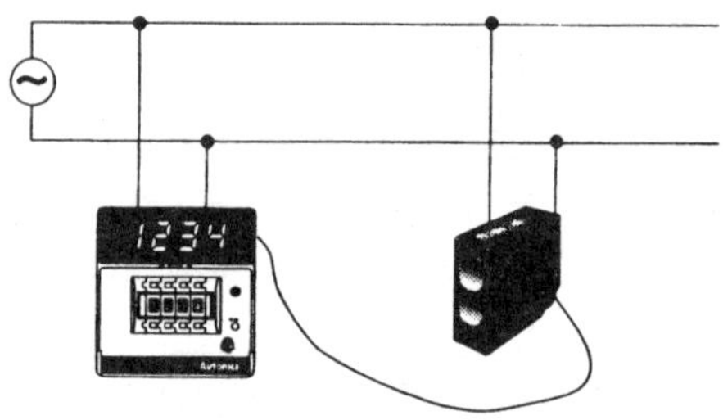

예제4 그림

④입력신호 라인의 필요이상의 긴 길이인 경우

문　　제　　점	해 결 방 법
·전원 라인의 영향을 받아 정상 동작을 하지 않는다. ·잔류 전압에 의해 신호가 연속적으로 입력되는 상태가 되어 카운트가 되지 않는다.	·입력단자의 임피던스를 낮추어 전류가 많이 흐르게 한다. ·입력단자와 어스간에 500Ω~1kΩ정도의 저항을 연결한다. ·입력신호라인을 짧게 한다.

⑤카운터 전원라인이 고압선 가까이에 배선되어 있을 경우

문　　제　　점	해 결 방 법
·고압 전원라인의 영향을 받아 정상작동을 하지 않는다.	·카운터 전원선을 단독배관 처리한다.

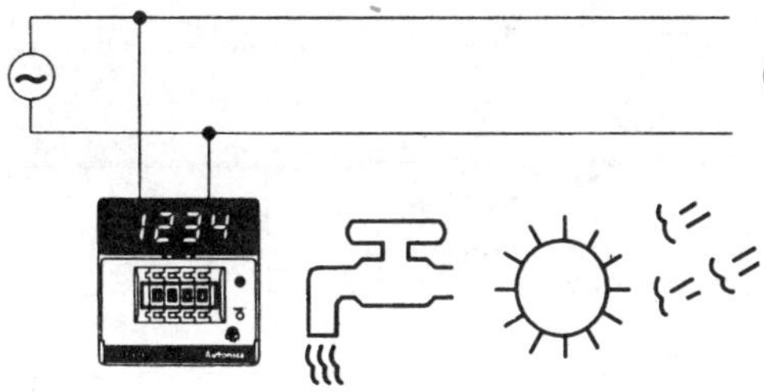

예제5 그림

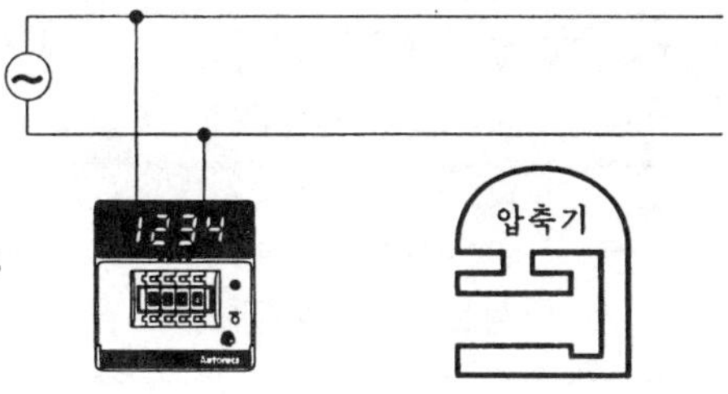

예제6 그림

⑥전원 전압선을 순간적으로 인가시키지 않았을 경우

문 제 점	해 결 방 법
·전원을 인가 시켜도 표시가 오동작 되어 정상작동이 되지 않는다.	·접점 등을 이용하여 전원을 순간적으로 인가한다.

⑦수분, 유분, 분진이 많은 장소나 직사광선이 닿는 장소의 경우

문 제 점	해 결 방 법
·장기간 사용시 설정치로 카운트 UP 하지 않거나 정상작동을 하지 않는다.	·보호커버를 이용하여 수분, 유분,분지 등을 차단시킨다.

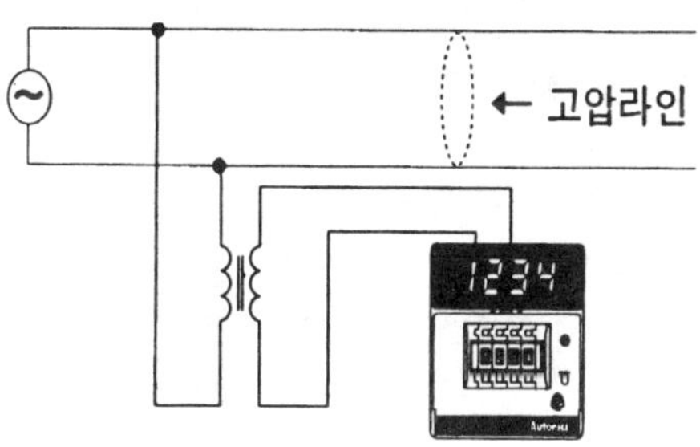

예제7 그림

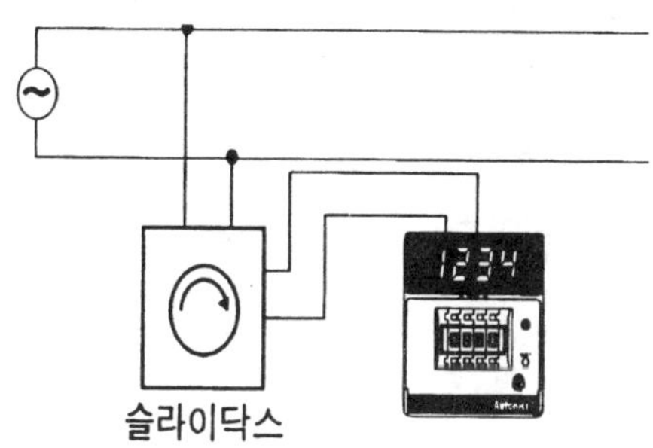

예제8 그림

⑧진동, 충격이 매우 큰 장소의 경우

문 제 점	해 결 방 법
·유접점 입력시 한번 동작에 여러 번 카운트된다. ·내장부품이나 구조물에 균열이 일어나 동작하지 않는다.	·진동을 절감 시켜주고 진동원에 직접 붙여 사용하지 않는다.

⑨카운터의 입력계수 속도를 고속모드로 선택하여 유접점으로 계수할 경우

문 제 점	해 결 방 법
·입력 신호 이상으로 계수 된다.	·계수 속도를 저속 (30CPS) 모드로 사용한다.

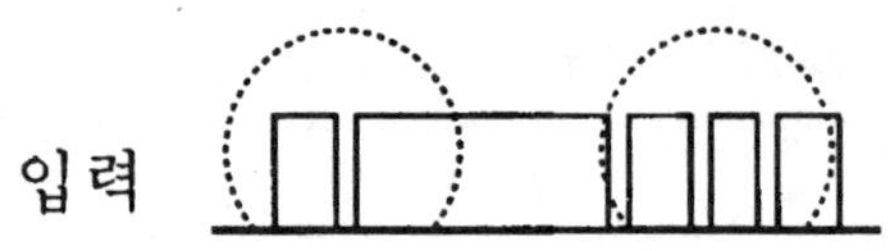

예제9 그림

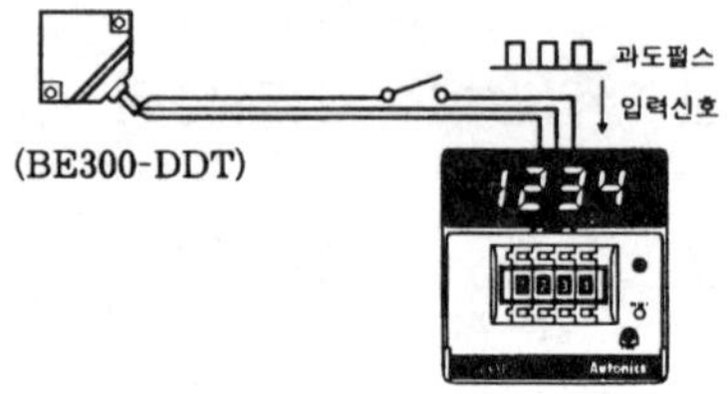

예제10 그림

⑩카운터에 전원을 인가한 상태에서 입력신호원(근접센서, 포토센서)의 전원을 ON/OFF할 때 과도 펄스가 발생하여 카운터에 입력 될 수 있으므로 주의한다.

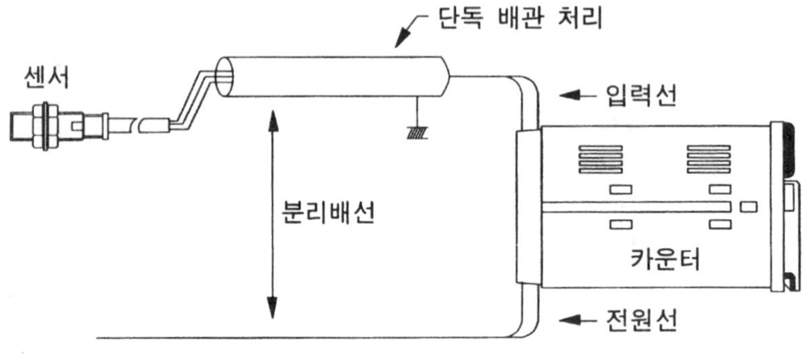

그림-99 카운터의 입력신호선의 설치

6) 카운터의 입력 신호 설치

①검출센서로부터 본 기기까지의 거리는 최대한 짧게 하도록 한다.

②입력선로는 다른 동력선과 동일배관을 쓰지 말고 별도로 배관을 설치하도록 한다.

③입력배선이 길어지거나 주의의 환경이(전기적 환경)양호하지 않을 경우 쉴드(Shided)선을 사용한다.

7) 카운터용 전원 취급방법

①전원 투입 후 100ms 사이에는 내부회로 전압이 상승하는 시간이므로 이 시간 사이의 입력에 대해서는 동작을 하지 않는 경우가 있다.

②또한 전원 개방 후 500ms 이하는 내부전압의 하강시간이므로 주의하여야 한다.

③전원을 공급하여도 표시부(display)가 점등되지 않는 경우에는 외부리셋이 걸려있으므로 외부 리셋단자를 확인한다.

④전원전압은 허용전압 범위 내에서 사용하여 주고 전원 투입 시나 차단시 체터링이 생기지 않도록 스위치 등에 의해 단번에 전원을 공급 또는 차단한다.

8) 카운터의 노이즈에 대한 대책

①전원단자간의 임펄스(IMPULSE)전압에 대해서는2KV, 펄스폭 1㎲의 외부노이즈 전압에 대해서는 노이즈 시뮬레이터에 1KV, 펄스폭 1㎲에서 각각 시험하는데 이 수치를 초과한 임펄스성의 노이즈 전압이 발생하는 경우는 전원 단자간에 0.1~1㎌정도의 교류용 MP콘덴서, 또는 유입(Oil)콘덴서를 접속한다.

②제어반에 조립하여 넣은 상태에서 전기회로의 내전압 시험, 임펄스(IMPULSE)전압시험, 절연저항측정 등을 하는 경우

·카운터를 회로에서 완전히 분리시킨다.

·단자부의 전 단자를 단락(short)시킨다.

(제어반의 일부 기기가 부품의 내압, 절연불량 등이 생기는 경우에 카

운터 내부회로가 파손되는 것을 방지하기 위함)

③카운터가 동작중 갑자기 기능이 마비되었을 경우(엉뚱한 숫자가 나오거나 숫자가 전혀 나오지 않을 경우)

전원을 OFF/ON하면 정상동작을 하며, 규정치 이상의 강력한 노이즈가 카운터 내부의 마이크로 컴퓨터에 유도되어서 발생하는 문제이므로 이와 같은 유도성 부하양단에 써지업소바를 삽입한다.

9)카운터의 내부 딥 스위치의 선택방법

①가산/감산 모드의 선택

입력 신호에 대하여 카운터의 진행을 가산방식을 적용할 것인지 감산방식을 선택할 것인지에 대한 선택스위치

②최고계수속도의 선택

입력신호에 대하여 카운터가 받아들이는 속도를 선택하기 위한 스위치로 2Kcps와 30cps 2가지 방식이 있다.

③정전 보상 유, 무 스위치

카운터의 사용 중 전원이 차단되었을 경우 그 시간까지의 카운터횟수를 기억하도록 하거나 초기화 상태로 표시할 경우 선택하는 스위치

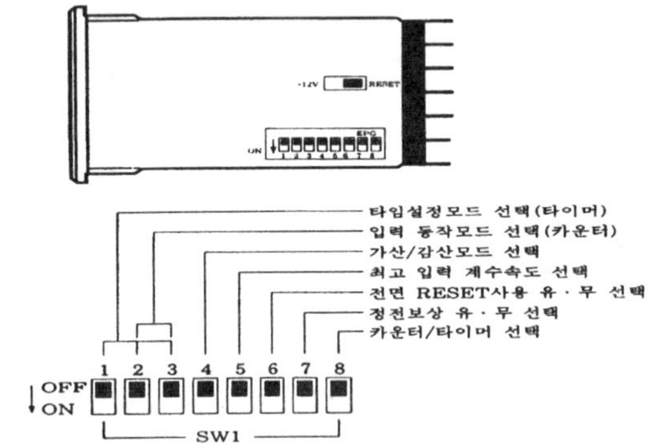

●가산/감산모드 선택

SW1		기능
4	OFF (OFF 위치)	가산모드
	ON (ON 위치)	감산모드

●최고 입력계수속도 선택

SW1		CP1, CP2
5	OFF (OFF 위치)	30cps
	ON (ON 위치)	2Kcps

●전면 리셋트 사용 선택

SW1		기능
6	OFF (OFF 위치)	전면 RESET S/W 사용 무
	ON (ON 위치)	전면 RESET S/W 사용 유

●정전 보상 유·무 선택

SW1		기능
7	OFF (OFF 위치)	정전 보상 유
	ON (ON 위치)	정전 보상 무

●카운터/타이머 선택

SW1		기능
8	OFF (OFF 위치)	타이머
	ON (ON 위치)	카운터

그림2-100 카운터의 내부 선택 스위치 설명

제3장. 실험실습

실험실습

1.릴레이 ON, OFF 촌동 연동회로 실험

[실험 목적]

1.시퀀스제어회로의 조립규칙에 대하여 학습한다.
2.릴레이의 선정방법 및 사용방법에 대하여 실험 고찰한다.
3.릴레이의 연동, 촌동 제어에 대하여 실험 고찰한다.

[실험 재료]

1.릴레이 102-2C ---------- ------------------------ 1개
2.릴레이소켓 -- 1개
3.전원투입용 전선 ------------------------------------ 1개

[실험 장비]

1.회로시험기 -- 1대
2.시퀀스트레이너 ------------------------------------- 1대

[실험 이론]

1). 시퀀스제어 회로의 조립 규칙

시퀀스제어계의 설계 및 조립은 일정한 규칙에 의하여 이루어지고 있

는데, 이것은 전기기술자만이 통용되는 하나의 언어라 할 수 있으며, 조립의 경우 또는 제어반의 고장진단 및 회로의 해석을 위하여 반드시 필요한 요소가 바로 이 규칙일 것이다.

시퀀스 제어회로는 일정한 규칙에 의하여 조립되며, 이 규칙이라 칭해지는 것은 IEC(International Electro technical Commission)국제전기표준회의의 기준이 대표되고 있으며, 일본공업규격(JIS),일본 전기공업회 표준규격(JEM), 전기설비 기술기준 등에도 그 규칙이 정해져있다.

참고로 국내에서는 일본의 규칙이 대부분을 차지하고 있으며, 국내의 실정에 따라서 일부 변경된 규칙이 사용되고 있으며, 국내에도 KS나 KSC의 규정이 있으나 전체적인 내용이 정리되거나 널리 보급되어 있지 않은 관계로 일본의 규칙을 보편적으로 사용하고 있는 실정이며, 각 국가별로 규정은 조금씩 다르나 보편적으로 아시아권에서는 일본규격을 아메리카 쪽에서는 미국의 규격(UL)을 유럽 쪽에서는 IEC 규격이 보편적으로 사용되고 있으며, 이것들을 통일하기 위하여 현재 국제전기규격에 입각한 IEC규격이 탄생했으며, 멀지 않은 미래에는 IEC규격이 보편화될 것으로 판단이 되며, 국내에서도 전기 및 공산품 등에 대하여 규격을 통일하기 위하여 1999년에 사업이 착수되었으며, 작업이 진행 중에 있다.

또한, 수출을 목적으로 제어반을 구성할 경우 IEC규정 또는 수입국의 규칙에 따라야할 것이고 부품을 수출목적으로 생산할 경우에도 수입국의 전기규격에 만족하게 규칙을 적용하여야할 것이다.

이들 규칙을 충분히 이해하면 시퀀스 제어장치 등의 공사를 할 경우 또는 고장 개소를 조사하는데도 매우 편리하며, 고장 개소를 빨리 찾아낼 수 있다.

그리고 각 장별로 하나씩 시퀀스 제어회로를 조립함에 있어서 관계가 있는 규격 및 그 내용을 설명하도록 하겠으며, 국내의 실정에 맞도록 JIS

규정을 기본으로 본 교재에 서술할 것이다.

1982년 2월 1일에 일본공업규격(JIS)의 시퀀스 제어회로의 전개 접속도에 사용하는 전기용 그림기호 및 시퀀스 제어용 전개 접속도가 일본정부의 GATT에 협정함에 따라 그동안 사용되던 전력접점에 대한 규정(JEM)이 사라지게 되고, 갑자기 IEC규정으로 바뀌게 됨에 따른 혼란이 야기되는 것을 방지하기 위하여 대대적인 JIS규정이 개정되었으며, 국내에도 많은 영향을 미치게 되었다.

따라서 여기서는 개정된 기호 등에 대해서 대표적인 것에 (　　)를 달아 병기해 두기로 하고 장래는 이 (　　)안에 기입되어 있는 기호를 이행해 나가도록 하여야겠다.

[실험 방법]

A. 릴레이의 특성실험

1.KH-102-2C릴레이와 회로시험기를 준비하도록 한다.

2.릴레이 KH-102-2C 코일의 양단의(②번과 ⑧번 사이)저항을 회로시험기를 사용하여 얼마의 저항 값이 나오는지 측정하라.
102-2C 의 저항값 ______ [Ω]이다.

3.릴레이의 2회로 중에서 중심접점(COM)의 의미를 갖는 단자의 번호는 몇 번인지 확인하라.
중성접점 의미의 가동단자 번호는 ___번과 ___번이다.

4.그 중성단자(① ⑧)에 회로시험기의 "-" 단자를 대고 각단자의 저항 값을 측정 기록하라.
①번과 ③번 사이 _____ [Ω]　①번과 ④번 사이 _____ [Ω]
⑧번과 ⑥번 사이 _____ [Ω]　⑧번과 ⑤번 사이 _____ [Ω]

5.3번의 실험결과로 보아 N.C 와 N.O을 기록하고 몇 개의 회로를 가지는지 기록하라.
①번과 ③번 사이 ________　①번과 ④번 사이 ________
⑧번과 ⑥번 사이 ________　⑧번과 ⑤번 사이 ________
102-2C의회로는 ________ 회로이며 2C의 의미는 ______ 회로임을 나타낸다.

6.그림3-1에서와 동일하게 회로를 구성하고 전원은 220V를 사용하라.

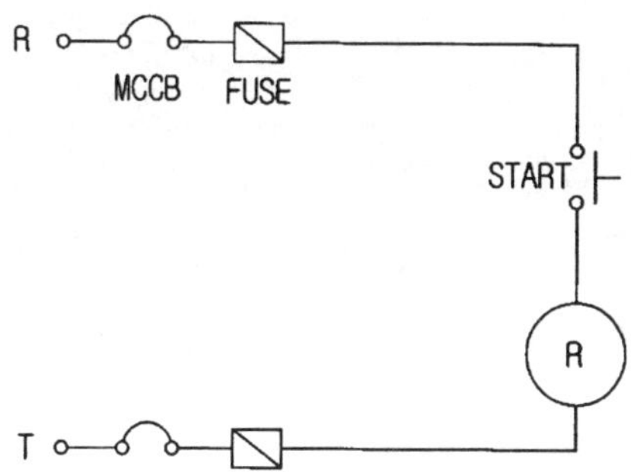

그림3-1 릴레이의 전원인가 회로

7.회로도가 구성이 되었다면 배선용 차단기(MCCB)를 투입하고 START 버튼을 눌러 릴레이에 어떠한 현상이 발생하는지 기록하라.
릴레이는 코일에 전원이 가해지자 가동 접점이 _____되었다.

8.다시 회로시험기를 사용하여 전원이 인가된 후 각단자의 변화를 측정기록 하라.
(이때, 릴레이에 교류전원 220V가 투입되어 있으므로 주의한다)
①번과 ③번 사이 ________ [Ω] ①번과 ④번 사이 ________ [Ω]
⑧번과 ⑥번 사이 ________ [Ω] ⑧번과 ⑤번 사이 ________ [Ω]

9.8번 실험의 결과로 보아 전원투입전과 후의 변화는 어떠한지 기록하도록 하라.
전원 투입전과 전원 투입 후는 동작특성이 서로 _______이다.

10.이상의 실험결과로 보아 릴레이는 전기방식의 스위치로 전원투입전과 전원투입 후의 결과를 보아 스위치 역할을 하는 것을 알 수 있을 것이다.

B. 릴레이 촌동회로

1.촌동회로는 PB#1의 접점 또는 PB#2의 접점을 이용하여 출력의 부하가 PB가 동작하는 동안에만 움직이는 회로를 말한다.
즉, 어떠한 외부의 신호가 있는 동안만 가동되는 회로인 것이다.

2.그림3-2의 릴레이 촌동회로를 구성하고 부하에 LAMP를 연결하라.

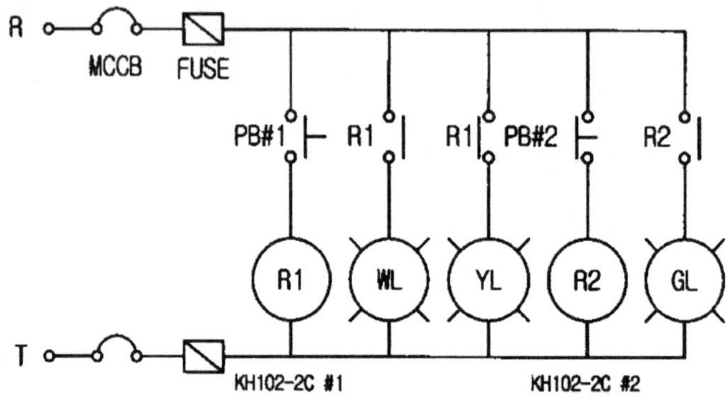

그림3-2 릴레이의 촌동회로도

3.회로가 구성이 되었다면 회로를 점검하고 전원을 투입하라.

4.전원을 투입함과 동시에 YL이 점등되는데, 이것은 어떠한 이유인지 기록하라.
YL은 ____번 릴레이의 _____접점을 이용하였기 때문에 N.C상태 이므로 회로에 전원이 인가되어 릴레이의 가동과 상관없이 LAMP가 점등 되었다.

5.다시 PB#1을 누르면 어떤 현상이 일어나는지 기록하라.
PB#1은 a(N.O)접점이며, PB#1에 의하여 릴레이____번의 코일에 전원이 공급이 되면서 ____LAMP가 점등이 되고 ____LAMP는 소등이 된다.

6.다시 PB#1을 동작 해제시키면 처음의 상태로 돌아간다.

7.재차 PB#2를 누르면 어떤 현상이 일어나는지 기록하라.
PB#2는 b(N.C)접점이며, PB#2에 의하여 릴레이____번의 전원이 차단 되면서 ____LAMP가 소등된다.

8.다시 PB#2를 해제시키면 릴레이2번의 N.C의 접점에 의하여 GL LAMP는 점등된다.

9.위 실험에서와 같이 푸쉬버튼(PB#1, PB#2)을 이용하여 수동으로 조작자가 원하는 동안만 출력LAMP를 제어할 수 있는 회로가 촌동회로임을 알 수 있다.
이 촌동회로가 수동의 제어 개념이라 할 수 있다.

C. 릴레이의 연동 회로

1.연동회로라는 것은 어떠한 부하에 대하여 지정한 동안만큼 연속적인 출력을 발생시키고자하는 회로를 말하는데, 보통 선택스위치(Selector s/w)나 록-크 스위치 (Rock s/w)를 사용한다.

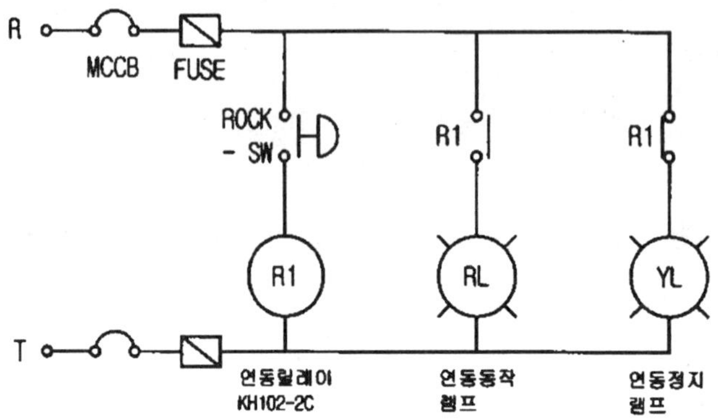

그림3-3 릴레이의 연동회로도

2.본 실험에서는 비상스위치 (E-STOP)가 록-크형식(Rock Type)으로 1회 누르면 접점이 고정되고, 1회를 다시 누르면 고정된 접점이 해제되는 형태의 것을 사용하기로 한다.

3.그림3-3의 릴레이 연동회로를 구성하라.

4.회로가 구성되었다면 회로를 점검하고 전원을 투입하라.

5.전원이 투입되면 YL LAMP가 동작을 하는데 어떤 이유인지 기록하라.

전원의 투입과 동시에 릴레이의 ___접점에 의하여 점등이 된다.

6.다시 E-STOP 을 누르면 어떠한 현상이 일어나는지 기록하라.

E-STOP 버튼을 누르면 릴레이가 가동이 되면서 릴레이의 ___접점에 의하여 ____LAMP가 점등되고 릴레이의 ____접점에 의하여 ____LAMP가 소등된다.

7.E-STOP 버튼을 다시 눌러 해제하면 릴레이이 가동이 멈추고 고정되었던 접점이 해제되어 처음의 상태로 돌아간다.

8.이상과 같이 선택스위치(Selector s/w)나 록-크 스위치(Rock s/w)를 사용하면 원하는 동작만 계속하여 출력을 유지하게 된다.

이것은 기계적인 홀딩회로로 볼 수 있다.

[실험 고찰]

2.릴레이 자기유지회로 실험

[실험 목적]

1.제어용 버튼의 시퀀스적용방법에 대하여 실험 고찰한다.
2.제어용 버튼의 개요에 대하여 실험 고찰한다.
3.릴레이의 구동과 전기적 자기유지회로에 대하여 고찰한다.
4.릴레이의 기계적 자기유지회로에 대하여 고찰한다.

[실험 재료]

1.리미트스위치 -- 1개
2.푸쉬버튼스위치 -------------------------------------- 1개

[실험 장비]

1.회로시험기 -- 1대
2.시퀀스트레이너 -------------------------------------- 1대
3.릴레이구동실험장치 ---------------------------------- 1대

[실험 이론]

1). 자기유지회로(Self hold circuit)

자기유지회로의 정의를 간단히 설명하자면 단일의 펄스입력에 의해서 ON이 된 상태가 되고 그 후에도 ON된 상태를 유지하는 일종의 기억성을 가지고 있는 회로라 할 수 있다.

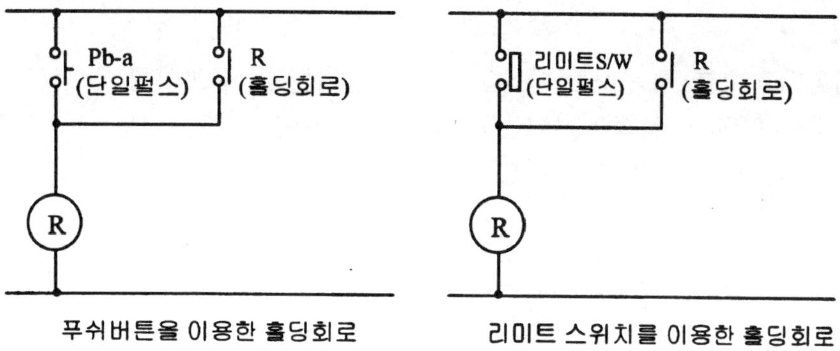

그림3-4 릴레이의 자기유지회로

다시 말하자면 단일의 펄스입력이라고 표현되는 것은 눌름버튼 스위치의 a접점 또는 리미트 스위치, 센서의 접점 등에 의해서 릴레이에 순간적인 신호전압이 가해질 때 이 신호로 인하여 릴레이의 접점이 가동되고, 이 가동된 접점을 이용하여 단일 펄스입력 즉, 눌름버튼 스위치의 a접점이나, 리미트 스위치의 a접점 사이에 릴레이의 a접점을 연결하여 회로가 계속유지가 되도록 하는 회로를 말하는 것이다.

그림3-4는 자기유지회로를 도시한 것이다. 하지만 자기유지회로를 적용하는데는 주의하여야 할 점이 있는데, 그 대표적인 것으로 릴레이의 동작시간을 특별히 주의하여야 한다.

릴레이는 통상 50ms사이에서 동작이 완전히 일어나게 되는데 단위 입력 필스의 인가 시간이 이보나 쌃게 된다면 자기유지회로는 정확한 동작을 할 수 없는 경우가 발생되므로 특별히 주의하여야 한다.

그래서, 고속도 신호가 전달되는 광 센서의 접점이나 고속으로 움직이는 물체의 감지에는 전자회로를 추가로 설비하여 단위입력시간을 길게 만들어 주는 등의 배려가 필요하다.

특히 대용량의 릴레이는 동작시간이 더욱 길어짐에 따라서 신호에 대하여 세심한 배려를 하여야 한다.

2). 자기유지회로의 적용

자기유지회로를 적용하는 곳을 간단히 살펴보면 릴레이를 단순히 연동을 시키는 것만의 목적이 아니고 자동화의 개념이 도입되는 초기단계로 해석을 해도 무리는 없을 것이다.

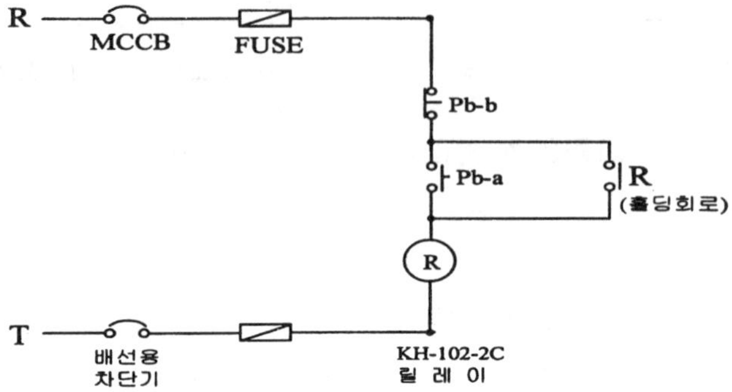

그림3-5 수동적 릴레이 홀딩회로

그림3-5는 수동으로 조작하는 자기유지회로를 구성한 것인데 PB-a를 눌러 릴레이의 코일이 여자 되면 접점이 가동되고 이때 PB-a를 해제시키면 릴레이의 a접점에 의해서 전류의 흐름이 R-a로 흘러서 릴레이는 연속적인 동작을 하게되며, 다시 PB-b를 누르면 회로의 전원이 차단이 되면서 릴레이의 전원이 차단되어 동작을 멈추게 된다.

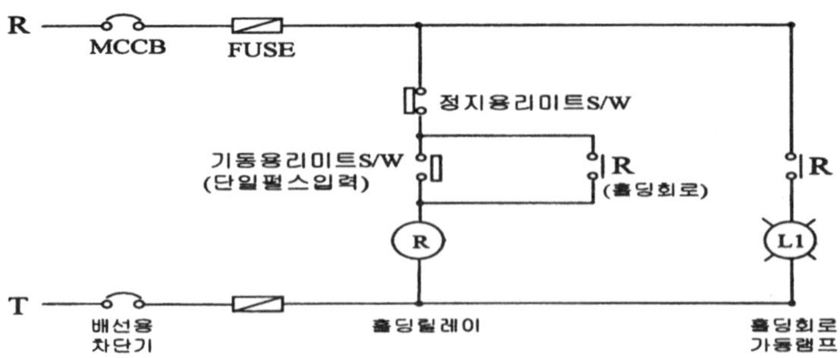

그림3-6 자동적 릴레이 홀딩회로

그림3-6은 자동적인 개념이 첨가된 자기유지회로로써 수동회로의 PB-b 의 동작사항을 기계 기구류에 내장되어 있는 리미트스위치나 센서 등에 적용시킬 수 있을 것이다.

자동적인 자기유지회로를 적용되는 기계 기구류를 다시 본다면 그림 3-7과 같은데 이송장치 위에 물류가 올려지게 되면, 이 신호를 기동용 리미트 스위치로 감지하여 물류를 이송하다가 이송이 완료시점에 오게 되면 물류에 의해서 정지용 리미트 스위치를 동작시킴으로써 이송장치가 정지하게 되는 것이다.

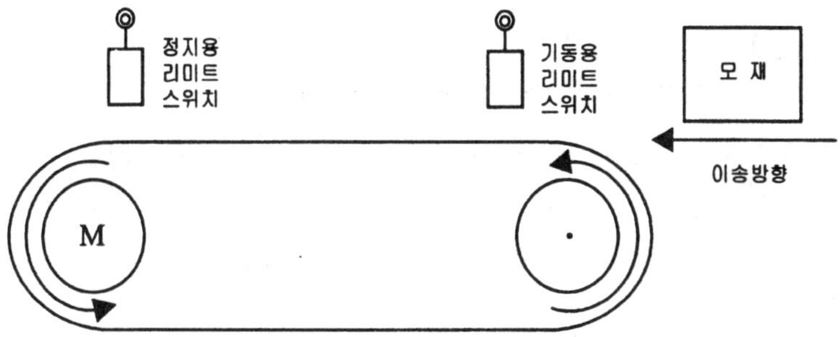

그림3-7 자기유지회로가 적용된 자동화기계

물론 릴레이의 접점을 이용하여 자기유지회로의 구성 이외에도 사용하고 있지 않은 릴레이의 접점을 이용하면 전동기를 제어하여 이송장치를 제어 할 수 있게 된다.

[실험 방법]

A. 조작용 버튼의 특성 실험

1.PB-a의 단자사이(흑색-녹색)에 회로시험기로 저항 값을 측정하여 기록하라.
PB-a의 단자사이의 저항 값은 ______ [Ω] 이다.

2.PB-b의 단자사이(흑색-적색)에 회로 시험기로 저항 값을 측정하여 기록하라.
PB-b의 단자사이의 저항 값은 _______ [Ω] 이다.

3.위의 실험결과로 보아 PB-a와 PB-b는 동작되지 않은 상태이므로 N.C 와 N.O으로 표시하여 기록하라.
PB-a는 _______ 이고 PB-b는 _______ 이다.

4.이번에는 1번과 2번의 실험에서 버튼을 손으로 눌러서 저항을 측정하고 버튼을 눌렀던 것을 해제하면 어떠한 결과를 가지는지 기록하라.
PB-a 단자의 저항 값은 ______ [Ω] 이고 PB-b 단자의 저항 값은 ______ [Ω] 이며, 다시 해제를 시켜면 처음의 상태와 _______ 결과를 갖는다.

5.이번에는 E-STOP 버튼의 단자사이의 저항 값을 측정하여 어떠한 접점으로 이루어져 있는지 확인하고 버튼을 눌러서 저항 값을 측정하고 어떠한 접점과 동일한지 기록하라.
단, E-STOP버튼은 비상정지용이므로 b접점을 사용한다.
E-STOP 버튼 사이의 저항 값은______[Ω] 이며 이 결과로 보아 _______접점과 동일하며, 눌렀을 경우에 저항 값은_____[Ω]을 나타내었다.

6.5번의 결과로 보아 비상 스위치 (E-STOP)는 회로의 전단에 직렬로 연결하여 회로의 비상 발생시 눌러 회로를 차단할 수 있는 목적으로 사용이 되며 다른 버튼의 뚜껑보다 크기가 큰 것을 확인할 수 있다.

B. 수동적 릴레이 자기유지회로

1.시퀀스 트레이너의 릴레이의 이상 유무를 판별하기 위하여 회로시험기로 코일의 저항 값을 측정하여 기록하라.
1번 릴레이 ______ [Ω], 2번 릴레이 ______ [Ω]

2.실험전 또는 어떠한 컨트롤러를 제작하거나 설계를 할 경우에는 반드시 부품의 이상유무를 측정하여 사용하는 것이 사고를 사전에 예방하고 오동작을 예방 할 수 있는 한 방법이 됨을 잊지 않도록 한다.

3.그림3-8의 릴레이 홀딩회로도에 의해서 구성하도록 하라.

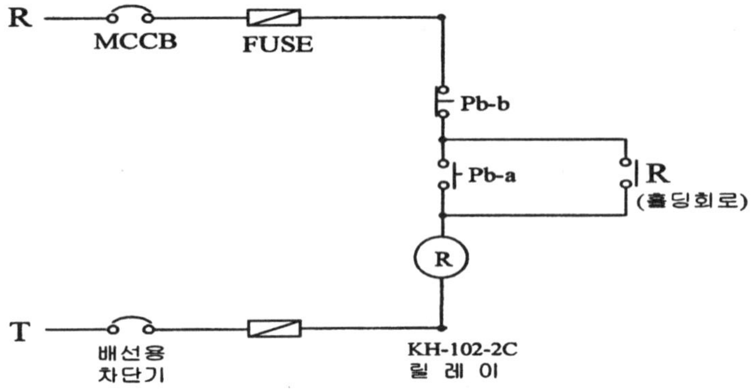

그림3-8 수동적 릴레이 자기유지회로

4.회로의 결선이 올바른 상태인지 확인하도록 하라.

5.회로에 이상이 없다면 전원을 투입하고 전원이 투입된 후에 LAMP의 상태를 ON. OFF로 기록하라.
LAMP 1번 ____ LAMP 2번 ____ LAMP 3번 ____ LAMP 4번 ____

6.5번의 실험결과에 따라서 점등된 LAMP가 있다면 어떠한 이유에서인지 기록하라.

____
____
____
____
____
____
____
____
____

7.PB-a를 1초 동안 눌렀다 놓고 어떠한 상태가 유지되는지 기록하라.
릴레이 1번과 릴레이 2번이 _______ 되고 LAMP 1번 과 LAMP 2번이 _______ 되고 LAMP 3번과 LAMP 4번이 _______ 되었다.

8.7번이 실험결과에서 알 수 있었던 것처럼 PB-a에 의해서 입력이 가해지고 입력이 가해진 후에는 릴레이 1번의 R1-a에 의하여 입력 신호를 더 이상 가하지 않아도 출력이 연속적으로 발생하는 것을 알았을 것이다.

9.이번에는 더 정확히 자기유지회로의 기능을 알기 위하여 전원을 차단한 후 R1-a에 연결되어 있는 전선 중 1가닥을 제거한 후 전원을 투입하고 PB-a를 1초 동안 눌렀다 놓고 실험결과를 기록하라.

10.9번의 실험결과에서 본 결과 PB-a와 병렬로 연결된 R1-a가 자기유지 회로 역할을 하는 것을 알 수 있었을 것이다.

11.재차 전원을 차단하고 자기유지회로를 구성하고 전원을 투입한 후 PB-a를 눌러서 릴레이를 동작을 시키고 PB-b를 눌러서 어떠한 현상이 발생하는지 그 결과를 기록하라.
PB-a에 의하여 홀딩 되었던 회로가 PB-b에 의하여 릴레이 1번과 2번의 코일전원이______되었다.

C. 자동적 릴레이 자기유지회로

1.그림3-9 자동 릴레이 홀딩회로에 의하여 회로를 구성하라.

2.구성이 되었다면 리미트 스위치 LS-2(기동용 리미트 스위치)를 동작 시켜서 어떠한 현상이 발생되는지 기록하라.
LS-2에 의하여 릴레이 ____ 번과 릴레이 ____ 번이 동작이 되고 이때 LAMP ____ 번이 소등되고 LAMP ____ 번이 점등되었다.

3.2번의 실험 결과로 알아본 결과 LS-1에 의하여 릴레이 1번과 2번이 동작 되고 이때 릴레이 1번의 a접점에 의하여 릴레이가 연속적인 동작을 하게됨을 알았다.

4.이번에는 릴레이의 동작특성에 따라서 LAMP의 명칭을 붙여 보도록 한다.
전체의 회로가 초기상태에서 LAMP 1번은 ______ 표시기능이고 LAMP 2번은________ 표시 기능을 갖는다.

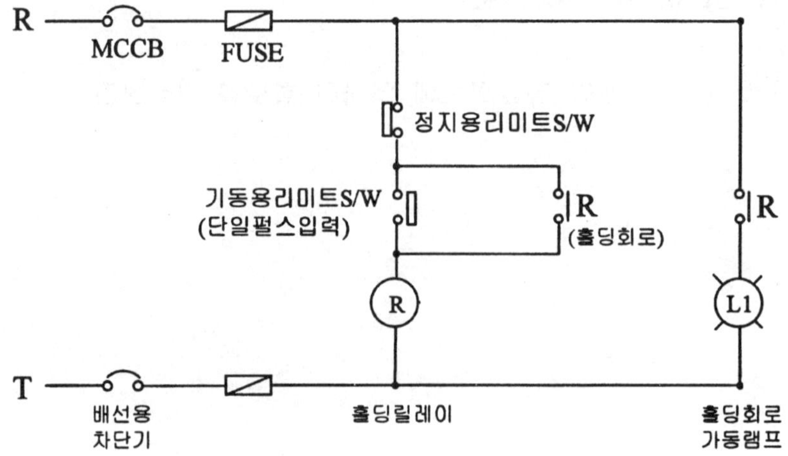

그림3-9 자동적 릴레이 자기유지회로

5.재차 그림3-7과 같은 구조의 기계라고 가정 하에 물건이 이동이 완료되면 어떤 공정이 이루어지는지 기록하라.

6.이상의 실험과 같이 기계류의 특성에 따라서 자기유지회로를 구성한다면 자동적 개념의 자기유지회로와 해제회로를 구성할 수 있다.

[실험 고찰]

3.전자접촉기에 의한 제어 실험

[실험 목적]

1.전자접촉기의 선정법/취급법에 대하여 고찰한다.
2.전자접촉기/개폐기의 특성에 대하여 실험 고찰한다.
3.전자접촉기의 보조접점 유닛에 대하여 실험 고찰한다.
4.전자접촉기의 고장 진단법에 대하여 고찰한다.

[실험 재료]

1.전자접촉기 -- 1대
2.열동부하계전기 _------------------------------------ 1대
3.전원투입용 전선 ------------------------------------ 1개

[실험 장비]

1.회로시험기 -- 1대
2.시퀀스트레이너 ------------------------------------ 1대

[실험 이론]

1) 전자개폐기, 전자접촉기의 개요

교류전자개폐기, 전자접촉기는 주 회로가 주파수 50Hz 또는 60Hz로, 600V이하의 전기회로에 사용되며, 전자석에 의해 부하를 개폐하는 목적으로 사용이 되며, 또한 전기회로의 빈번한 개폐에 견딜 개폐부와 과부하계전기를 갖추고 조작개폐기에 의해 조작되는 개폐기를 말한다.

[실험 방법]

A.전자접촉기의 구분법

1.전자접촉기는 제조회사별로 여러 가지의 모형과 형태로 생산이 되고 있다.

2.KS규정에 의한 용량은 220[V]에서 ________kW 이고 440[V]에서는________KW 의 용량을 가지고 있다.

3.CH-3N은 AC3급으로써 사용할 수 있는 부하와 사용처는 어느 곳인지 제2장을 참고로 하여 기록하라.

4.또한 CH-3N은 AC3급의 1호이므로 시간당 ____회의 개폐를 할 수 있다.

5.AC3급 1호 0종이므로 기계적 수명은 ______ 만회이상 전기적 수명은______ 만회 이상을 견딜 수 있다.

6.CH-3N 기종을 종합적으로 본다면 농형 유도 전동기의 기동 및 개방에 쓰이며 AC3-1-0의 특성을 가지고 있는 기종임을 알 수 있었을 것이다.

B. 전자접촉기(CH-3N)의 특성실험

1.CH-3N의 A1과 A2 즉 코일단자 사이의 저항을 회로시험기를 사용하여 얼마의 저항 값이 나오는지 측정하라.

CH-3N의 코일의 저항 값은 ______[Ω]이다.

2.CH-3N은 총5개의 회로를 가지고 있다.

3.회로 시험기를 사용하여 각단자의 저항 값을 측정하여 기록하라.

13,14번 사이 ________[Ω]   L1,T1번 사이 ________[Ω]

L2,T2번 사이 ________[Ω]   L3,T3번 사이 ________[Ω]

21,22번 사이 ________[Ω]이다.

4.3번의 실험에서의 결과로 보아서 ______개의 a접과 ______개의 b 접점으로 CH-3이 이루어져 있다.

5.그림 3-10과 같이 회로를 구성하라.

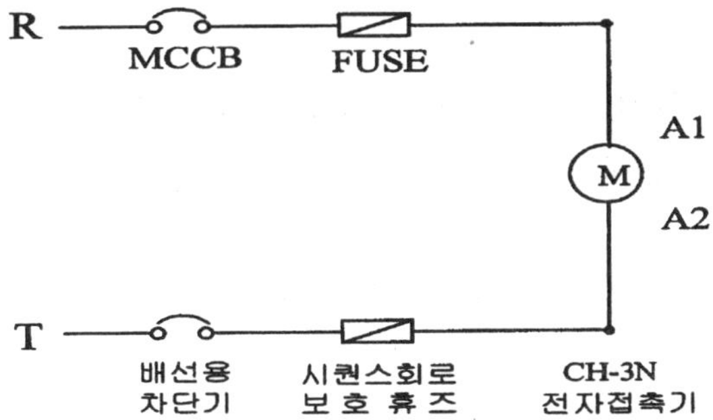

그림3-10 전자접촉기의 전원인가 회로

6.회로가 구성이 되었다면 MCCB를 사용하여 전원을 투입하라.

7.투입과 동시에 CH-3N의 코일에 전원이 가해져서 접점이 ___ 되었다.

8.회로 시험기를 사용하여 접점의 저항 값을 측정하여 기록하라.
이때 코일에 전원이 가해지고 있으므로 안전에 주의한다.
13,14번 사이 ________[Ω] L1,T1번 사이 ________[Ω]
L2,T2번 사이 ________[Ω] L3,T3번 사이 ________[Ω]
21,22번 사이 ________[Ω]이다.

9.CH-3N의 위 뚜껑을 벗겨내고 접점의 색상을 보면 중앙의 3개와 좌우의 것이 다른 것이 보일 것이다.

10.중앙의 3개의 가동접점을 보게되면 접점의 크기가 크며 위 기종일수록 크기는 더욱 커진다. 이것이 주접점이 되는 것으로 다른 타 기종도 모두 3개의 수량을 가지고 있다.

11.좌·우의 접점은 가늘고, 갈라진 2쪽이 한 접점으로 이루어진 것이 보일 것이다. 이것을 보조접점이라고 하며 좌·우의 홈에 연결하여 슬롯을 증설하는 방법과 상부의 홈에 끼우는 슬롯 증설법도 행하여지기도 한다.(증설접점은 제2장을 참조하라)

12.이상의 실험결과로 보조접점이 a접점과 b접점이 각1개씩으로 이루어진 것을 알 수 있을 것이다.

13.그래서 본 실험에 사용하는 전자접촉기를 CH-3N 1a 1b라고 칭한다.

14.보조접점은 a, b접점을 자유로이 바꿀 수 있어서 a접점이 2개가 필요하면 b접점을 a접점으로 개조하는 등의 방법을 취할 수 있 다. 이 경우를 CH-3N 2a라고 칭한다.

C.전자접촉기 촌동회로

1.촌동회로는 릴레이 촌동회로와 동일하게 구성이 되어진다. 다만 릴레이는 보조개념을 전자접촉기는 부하의 주 회로를 제어하는데 사용한다는 차이점을 가지고 있다.

2.그림 3-11의 전자접촉기 촌동회로를 구성하도록 하라.

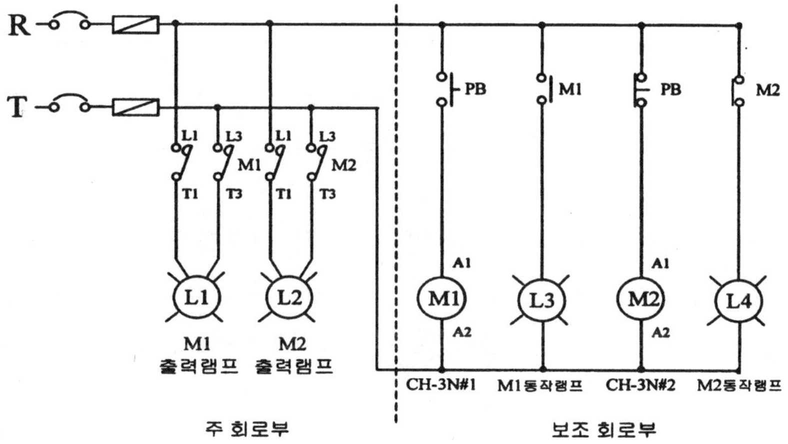

그림3-11 전자접촉기의 촌동회로

3.주 회로를 구성할 때에는 전자접촉기의 (L1,T1) (L3,T3)를 이용하도록 한다.

4.보조회로를 구성할 때에는 전자접촉기의 보조회로(좌, 우측 접 점)를 이용하도록 한다.

5.회로가 구성이 되었다면 회로를 점검하고 전원을 투입하도록 하라.

6.전원이 투입됨과 동시에 L2 와 L3가 점등되었는데 그 이유를 기

록 하라.

7.이때 PB-a를 누르면 어떠한 동작이 일어나는지 기록하라.

PB-a를 누르고 있으면 전자접촉기 M___번이 동작을 하고 M___번의 주접점에 연결된 LAMP___번이 점등이 되며 LAMP___번이 소등되었다.

8.LAMP 3번이 소등된 원인인 M1번의___접점을 사용했기 때문이다.

9.다시 PB-a를 누르면 어떤 동작이 일어나는지 기록하라.

PB-a를 누르면 전자접촉기 M___번이 동작을 멈추게 되면서 LAMP___번이 점등이 된다.

10.LAMP 2번이 소등된 원인은 M2번의___접점을 사용했기 때문에 주회로 부하에 전원이 차단되었기 때문이다.

11.이상에서의 실험에서 보았던 것처럼 보조회로의 접점을 이용하여 전자접촉기를 실험에서 제어하고 전자접촉기의 주 회로를 이용하여 전동기 또는 전열 등의 부하의 제어에 사용하는 것을 알 수 있었을 것이다.

D.전자 접촉기의 연동회로 실험

1.연동회로는 지정하고 있는 동안 부하를 제어하는 회로라는 것을 앞장의 실험에서 자세히 설명하고 실험을 했을 것이다.

2.전자접촉기의 연동회로도 릴레이와 다른 점이 없으나 다만 주 접점을 제어하여 부하를 제어한다는 것만 다를 것이다.

3.그림3-12의 전자접촉기의 연동제어 회로도에 준하여 회로를 구성하라.

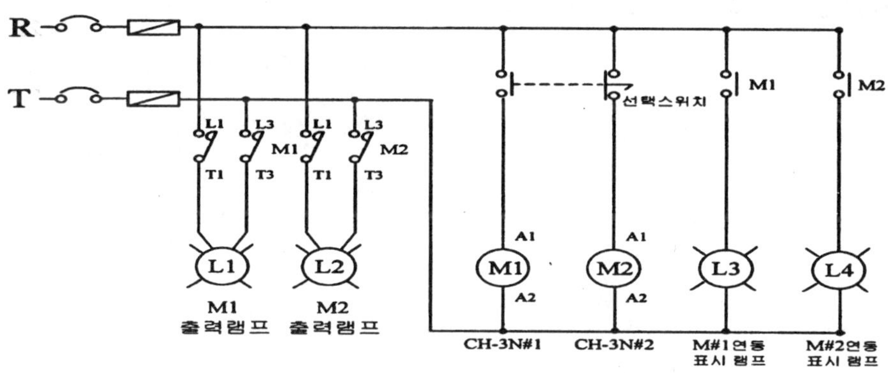

그림3-12의 전자접촉기의 연동제어 회로도

4.회로를 구성할 때 주의하여야 할 것은 부하로 사용되는 부분의 접점과 보조로 사용되는 접점을 실험C를 참조하여 구성하도록 하여야 한다.

5.회로가 완성이 되면 다시 한번 점검하고 이상이 없으면 전원을 투입하라. 단E-STOP 스위치(선택 스위치)는 OFF된 상태를 초기로 본다.

6.전원이 투입되면 어떠한 현상이 발생되는지 기록하라.

전원 투입과 동시에 E-STOP 스위치(선택 스위치)의 ____접점에 의하여 M____번이 동작하고, 이어 LAMP____번이 점등되고 M____번의____접점에 의하여 LAMP____번이 점등되었다.

7.재차 E-STOP 스위치(선택 스위치)를 눌러 ON을 시킨 후 발생되는 현상을 기록하도록 하라.

E-STOP 스위치를 누르면 E-STOP 스위치의 ____접점에 의하여 M____번이 동작하고 이어 LAMP____번이 점등되고 M____번의 ____접점에 의하여 LAMP____번이 점등되었으며 실험6번에서의 M____번과 LAMP____번과 ____번이 소등되었다.

[실험 고찰]

4.전자접촉기에 의한 인터록, 자기유지회로 실험

[실험 목적]

1.열동 부하계전기의 특성과 선정법에 대하여 고찰한다.
2.전자접촉기의 쌍 방향제어에 대하여 실험 고찰한다.
3.전기적 인터록과 기계적 인터록에 대하여 실험 고찰한다.

[실험 재료]

1.전자접촉기 -- 1대
2.열동 부하계전기 ------------------------------------ 1대
3.전원투입용 전선 ------------------------------------ 1개
4.리미트스위치 -- 1개

[실험 장비]

1.회로시험기 -- 1대
2.시퀀스트레이너 ------------------------------------- 1대
3.리미트실험장치 ------------------------------------- 1대

[실험 이론]

1).전기적 인터록 회로

인터록이라 하는 것은 현재 진행 중인 회로 중에서 동작이나 진행되는 상태가 종료될 때까지 다음의 동작이나 진행이 이루어지지 않도록 회로를 구성하는 것을 인터록 회로라 한다.

먼저 전기적 인터록 회로에 대하여 설명하자면, 부하는 단독 또는 각각의 부하를 연결하여 사용을 하며, 1번의 릴레이 b접점을 2번째 릴레이 코일부에 직렬로 상호 연결하는 방법이 사용되며, 적용되는 실례로 3상

유도전동기의 정·역 회로의 구성이나 연동회로를 구성하는 경우 등에 많이 사용된다.

전기적 인터록 방법에 있어서 최근에는 정·역형으로 구성된 가역형 전자접촉기가 많이 사용되고 있으며 그림3-13은 전기적 인터록 회로를 나타낸 것이다.

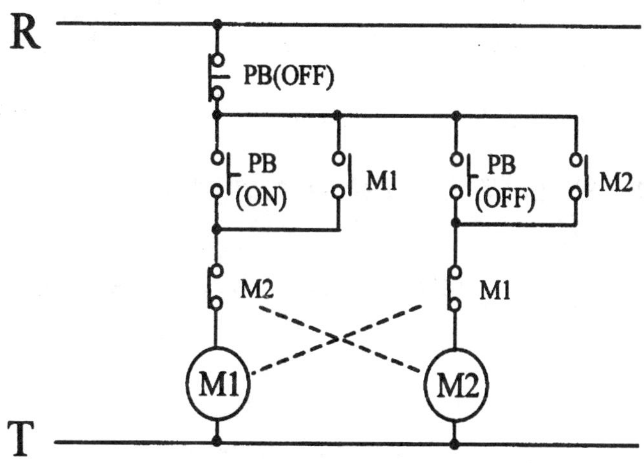

그림3-13 전기적 인터록 회로

2).기계적 인터록 회로

그림3-14에 기계적으로 인터록이 되는 푸쉬버튼스위치의 내부회로를 표시하였다.

이 푸쉬버튼스위치는 정역운전 회로용으로 만들어진 것으로, 정전, 역전 및 정지의 3개의 스위치가 조합된 것이다.

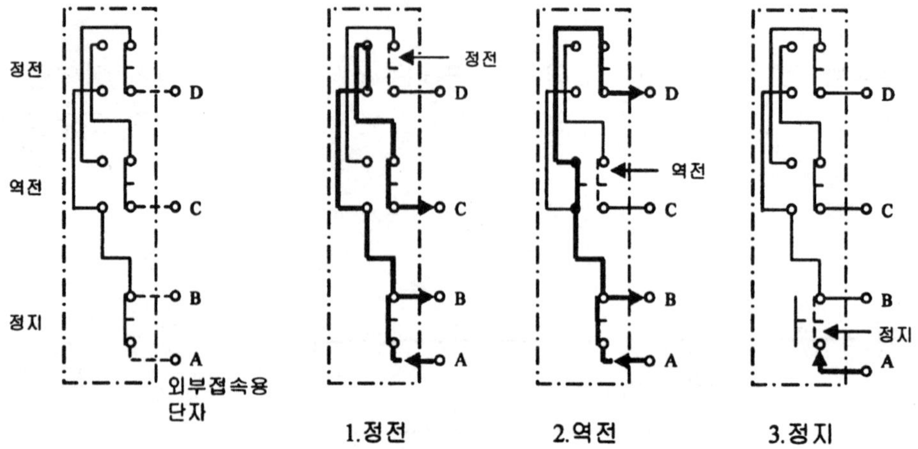

그림3-14 기계적인 인터록 푸쉬버튼스위치의 내부회로

-실 선은 내부에서 접속 …점선은 전자 개폐기 회로로 가는 선

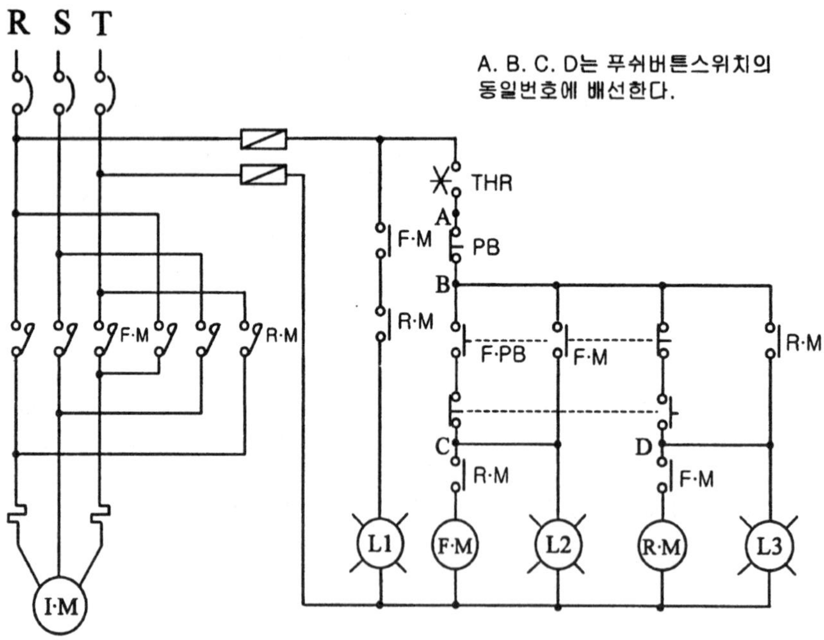

그림3-16 정.역운전용 푸쉬버튼스위치를 사용한 회로

그 외관을 정.역운전용 푸쉬버튼스위치의 모형에 표시하였으며, 또한 기계적으로 인터록되는 푸쉬버튼스위치를 사용한 정역운전 회로의 시퀀스도를 그림3-16에 표시하였으며, 생산되는 제품별로 배치 등이 다소 차이가 있을 수 있으므로 사용할 경우에는 생산되는 회사의 회로도를 반드시 참고하도록 한다.

[실험 방법]

A.열동 과부하계전기 구조실험

※ 열동 과부하계전기의 구조는 제2장을 참조한다.

1.열동 과부하계전기는 TH-3의 모델을 가지고 본 실험을 실시하도록 하겠다.

2.회로 시험기를 이용하여 우선 바이메탈 및 연결 상태를 실험하여 결과를 기록하도록 하라. 단, 입력단은 편의상 좌측부터 $L_{1,}\ L_{2,}\ L_3$ 라 칭하도록 한다.

L_1과 T_1사이___ [Ω], L_2와 T_2사이___ [Ω], L_3와 T_3사이___ [Ω]

3.2번 실험의 단자는 부하가 연결되는 선으로써 직렬로 연결되어 있으며, 저항값이 나오지 않거나 많이 나오면 계전기에 문제가 있는 것이다.

4.상부의 단자 4개가 보이는데 명판에 쓰여 있는 상태를 보고 다음을 기록하라.

95번 96번 사이 ______ 97번 98번 사이 ______

5.위 실험에서의 결과로 보아 95번 96번은 b접점, 97번과 98번 은 a접점임을 알 수 있으며 회로의 이상여부를 회로 시험기로 측정하여 기록하도록 하라.

95번 96번 사이 ______ [Ω] 97번 98번 사이 ______ [Ω]

6.다시 회로 시험기를 95번과 96번 사이에 대고 (렌지는 저항으로) 다음 결과를 기록하라.

흰색의 TEST버튼을 눌렀더니 95번과 96번 사이의 저항값은____ [Ω] 이 되었으며 눌렀던 버튼에서 손을 떼고 난 후 저항값은____ [Ω] 이었다.

7.6번의 실험결과로 보아 TEST버튼은 회로의 결선 이상 유무를 판단하기 위한 것임을 알 수 있었을 것이다.

8.다시 회로 시험기를 95번과 96번에 대고 RESET버튼 우측에 백색 레버를 볼펜으로 안쪽으로 밀어 넣은 후 다음을 기록하라.

TRIP BAR을 밀어 넣었더니 95번과 96번 사이의 저항값은____ [Ω]이 되었다.

다시 RESET버튼을 눌렀더니 저항값은 ____ [Ω]이 되었다.

9.이 결과를 보아 부하의 열량에 대하여 바이메탈이 계전기의 접점을 동작시켜 시퀀스 회로를 차단할 수 있게 된다는 것을 알 수 있었을 것이다.
10.다시 6번 실험부터 9번까지의 97번과 98번 사이에서 발생되는 현상을 기록하도록 하라.

B.전자접촉기의 수동적 자기유지회로

1.전자접촉기의 이상 유무를 판별하기 위하여 회로시험기로 코일의 양단 A_1, A_2를 측정 기록하라.

1번 MC_____ [Ω] 2번 MC _____ [Ω] 3번 MC _____ [Ω]

2.그림 3-17의 전자접촉기 자기유지회로도에 의해서 구성하도록 하라.

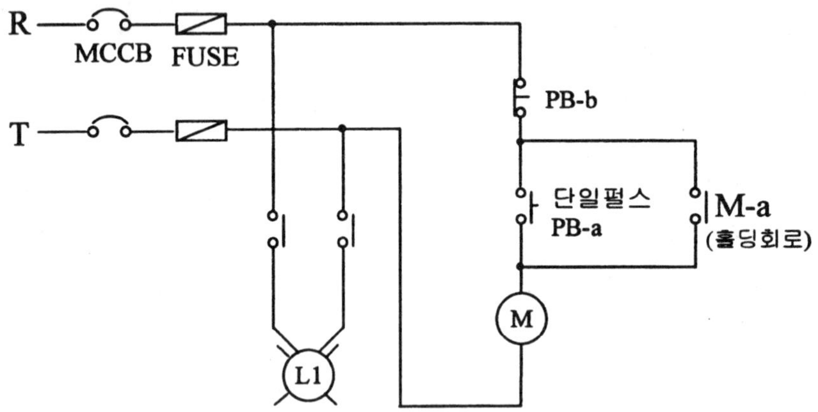

그림3-17 전자접촉기의 자기유지회로도

3.릴레이 자기유지회로와 동일한 동작 조건을 가지고 있으나 앞장에서 설명했듯이 전자접촉기는 주 전원을 제어하기 위한 부품으로써 여기에서 자기유지회로의 의미는 주 전원의 유지를 의미하게 된다.

4.회로의 결선이 올바른 상태인지 확인하도록 하라.

5.회로에 이상이 없다면 전원을 투입하고 투입된 후의 LAMP의 상태를 ON. OFF로 기록하라.

LAMP 1번 ________, LAMP 2번 ________

6.5번의 결과를 보고 어떠한 상황인지를 기록하라.

7.PB-a를 1초간 눌렀다 놓고 어떠한 상태가 유지되는지 기록하라.

PB-a에 의하여 전자접촉기 M이____이 되고, PB-a를 놓으면 M의

____접점에 의하여 _____회로가 구성이 되어 자기유지가 되면서 이때, 주 회로의 LAMP____번이 ON이 되고 LAMP 2번이 ____된다.

8.다시 PB-b를 1초간 눌렀다 놓고 어떠한 상태가 유지되는지 기록하라

____

____

____

____

____

____

____

____

____

9.이 실험에서 알 수 있었듯이 단일 펄스 즉, PB-a와 병렬로 전자접촉기의 a접점을 연결하면 PB-a에 전원 투입이 중지되더라도 전자접촉기는 자기를 유지하도록 되어 있다.

10.이 회로에서 LAMP 1번은 주 회로의 부하로 쓰였고 LAMP 2번은 보조회로에서 전자접촉기의 ON. OFF를 판단하는 Signal LAMP로 사용이 되었다.

11.LAMP 1개를 더 써서 OFF LAMP를 점등하는 회로를 도시하고 실험하여 그 결과를 기록하도록 하라.

____

____

____

____

____

C.전자접촉기의 자동적 자기유지회로

1.그3-18의 회로에 준하여 회로를 구성하도록 하라.

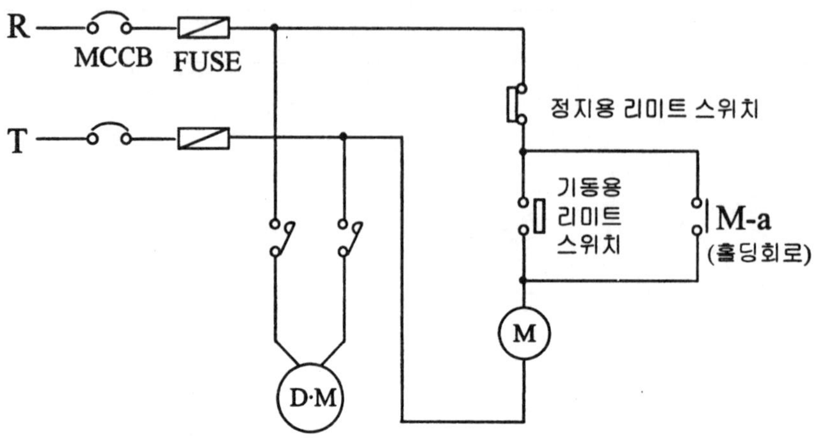

그림3-18 전자접촉기의 자동적 자기유지회로

2.회로를 구성할 경우 이동 파렛트의 위치를 확인하여 좌 또는 우측에 STOP용 리미트를 동작시키고 있는 상태를 기준으로 한다.

3.단상 전동기의 전원은 전자접촉기의 주 접점을 통하여 공급되며, 제어 회로의 전원에는 반드시 배선용 차단기나 휴즈를 사용한다.

5.본 실험은 물건을 이송하는 컨베이어 시스템을 가상으로 하는 실험으로 원칙적으로는 물건을 올려 리미트를 구동시켜야 하나 실험실의 특성상 OFF전원시 파렛트가 미리 리미트를 동작시키고 있는 점을 염두해 두어야 한다.

6.실험이 준비되었다면 회로를 다시 한번 점검하도록 하라.

7.전원을 투입시키면서 실험 내용을 기록하도록 하라.

전원이 투입됨과 동시에 _______리미트 스위치의 a접점에 의하여, 단일펄스가 입력이 되면서 전자접촉기 ____이 가동이 되고, M의 ____접점이 ______회로를 구성하여 파렛트가 전진하다가_______리미트 스위치의 _____접점에 의하여 파렛트의 진행이 중지된다.

8.이상의 실험에서 알 수 있었던 것은 자기유지회로라 하는 것은 단순히 회로를 ON 또는 OFF하고 자기 유지에만 이용되는 것이 아니라 자동화를 목적으로 활용이 가능하고 자동화를 위한 기본단계가 될 수 있음을 알았을 것이다.

[실험 고찰]

5.타이머에 의한 제어 실험

[실험 목적]

1.순시접점과 한시 접점에 대하여 실험 고찰한다.
2.전자식 타이머와 프리커 타이머의 특성과 사용에 대하여 고찰한다.
3.시간차 제어에 대하여 실험 고찰한다.

[실험 재료]
1.타이머 -- 1대
2.타이머소켓 ------------------------------------- 1개
3.전원투입용 전선 --------------------------------- 1개

[실험 장비]
1.회로시험기 ------------------------------------- 1대
2.시퀀스트레이너 ---------------------------------- 1대

[실험 이론]

1) 개요

(1) 타이머(Timer)

타이머는 한시 계전기라 칭하기도 하는데 타이머는 타이밍을 정하기 위해서 사용되는 시간 측정 장치의 일종으로 시계를 이용하여 제어에 사용되는 것과 대시포트를 이용하는 것, 선형전기회로의 CR 시상수를 사용하는 것 등이 있다.

종례에 사용하던 방법으로는 동기전동기를 사용하여 필요한 접점을 개폐하는 전동기식 타이머와 공기의 유입량과 유출량을 조절하여 접점을 개폐하는 공기식 타이머, 기름의 제동력을 이용하여 접점을 시간을 조절하여 개폐하는 오일식 타이머 등이 사용되어 졌다.

이러한 타이머는 비교적 몸체의 크기가 클 뿐 아니라, 정밀도가 사용하

는 시간에 따라서 점차 오차발생이 커지고 자동형식의 운전이 매우 까다로운 관계로 최근 들어서는 유압을 제어하는 경우에는 유압식 타이머, 공압을 제어하는 경우에는 공기식 타이머가 조금씩 사용하고 있기는 하지만 많이 사용이 되고 있지 않다.

최근에는 전자회로에 콘덴서와 저항의 시상수(time Constant)를 이용하여 동작시간을 조정하는 전자식 IC 타이머가 사용이 되고 있는데, 전자식 타이머는 콘덴서의 충전시간과 방전시간을 조절하여 접점을 가동시키는 회로를 가지고 있으며, 정밀도가 매우 높으며 시간분해도가 매우 세밀히 조작할 수 있어서 많이 사용하고 있다.

이러한 타이머는 입력신호의 변화 발생 시간보다 정해진 시간만큼 뒤져서 출력신호의 변화가 나타나는 회로의 특성이 있기 때문에 시간 지연회로 (time delay circuit)라 하며 접점이 일정한 시간만큼 늦게 개폐되는 경향이 있다.

그래서 지연되는 경향에 따라서 한시 동작 타이머(ON delay Timer) 한시 복귀 타이머 (OFF delay Timer) 그리고, 동작과 복귀가 모두 늦은 한시 지연 타이머 (delay Timer)로 구분이 된다.

(2).프리커 타이머(Solid State Multi TIMER)

일명 프리커(FLICKER)릴레이 또는 프리커 타이머라고 칭하기도 하며 설정된 시간차에 대하여 반복하여 한시접점부가 ON/OFF가 되는 특징을 가진 타이머를 칭하며, 주로 경보의 의미로써 부하에 LAMP 또는 BUZZER를 연결하여 사용하거나 규칙적인 펄스 신호를 입력하는 장치로 많이 사용하고 있다.

[실험 방법]

A.타이머의 특성실험

1.타이머 시계의 원리를 이용한 계전기로써 제어에 있어서 시간을 제어하는 목적으로 사용되는 계전기이다.

2.타이머의 종류에는 동기전동기를 이용한 ______ 타이머 와 공기의 유입 유출량을 이용한 ______타이머, 기름의 유입 유출량을 이용한______타이머, 전자회로를 이용한 _____타이머 등 크게 4가지로 구분되어 진다.

3.2번의 실험으로 보아 현재 많이 사용되는 타이머는 전자식 타이머로 전자식 타이머의 시간조절에 대하여 어떠한 원리를 사용하는지 간단히 기록하도록 하라.

4.또한 타이머의 종류에는 동작시간에 따라서 2가지로 구분이 되어 지고 있는데 그 동작 특성과 접점 표시에 대하여 기록하도록 하라.

5.그리고 타이머에는 조작시간에 대하여 2가지의 접점으로 이루어져 있으며, 그들을 순시접점과 한시접점이라고 칭하는데, 그 특성에 대하여 기록하도록 하라.

6.전자식 타이머에는 일반적인 시간을 ON/OFF하는 기능과 또 다른 ON/OFF를 반복하는 기능이 있는 타이머가 있는데 이런 타이머를 프리커(FLICKER)타이머라 칭한다.

7.프리커 타이머를 사용하는 목적에 대하여 기록하도록 하라.

B. FS4E 타이머의 특성 실험

1.FS4E 타이머는 현재 가장 많이 사용되고 있는 디지털 전자식 타이머이다.

2.FS4E중 4는 표시되는 숫자의 자리 수를 의미하는 숫자가 되므로 FS4E타이머는_____자리까지 표시가 가능하므로 최소_____sec를 나타내고 최대_____hour를 표시 할 수 있다.

3.평균적으로 실험에는 99.99sec를 많이 사용하므로 SW를 선정하는 방법을 ②FS4E의 설정모드를 보고 설정하고 아래에 ON/OFF로 표기하도록 하라.

1번 딥스의치 _____, 2번 딥스위치 _____, 3번 딥스위치 ______

4.FS4E에 4번째 딥스위치에는 가산법과 감산 법에 대하여 나타내었는데, ON시와 OFF시의 모드방법에 대하여 기록하라.

ON은 _______, OFF는 _______ 이다.

5.5번째 딥스위치는 타이머와 카운터를 설정하는 기능이나 여기서는 타이머 기능만이 설정되어 있다.

6.7번 딥스위치는 타이머의 진행여부와 전원의 차단에 대하여 진행 중이던 시간의 기억 또는 진행 중이던 시간의 취소 기능을 선택하는 것으로 ON과 OFF로 기능에 대하여 기록하도록 하라.

ON은 _______, OFF는 ________ 상태가 된다.

7.8번부터 10번 딥스위치는 출력동작 모드에 대하여 설명해 놓은것으로 아래의 경우에 딥스위치의 설정에 대하여 기록하도록 하라.

8.설정치에 대하여 설정시간이 되면 출력이 ON이 되고, 난 후에도 시간을 계속하여 진행한다.

8번 _____ 9번 _____ 10번 _____

9.설정치에 대하여 리셋이 될 때까지 시간은 정지하고 출력은 계속하여 ON이 된다.

8번 _____ 9번 _____ 10번 _____

10.리셋에 관계없이 설정치 까지 0에서 계속하여 동작하고 설정치 에서 출력은 한번씩만 잠깐 동작한다.

8번 _____ 9번 _____ 10번 _____

11.지시치는 설정치가 되면 설정치를 계속하여 유지하고 출력은 한번만 잠깐 동작한다.

8번 _____ 9번 _____ 10번 _____

12.지시치에 대하여 계속하여 진행이 되면 설정해 놓은 시간에 출력은 계속하여 잠깐씩만 동작한다.

8번 _____ 9번 _____ 10번 _____

13.지시치에 대하여 시간은 설정치 에 계속 머물며 출력은 잠깐 동안만 동작하고 머물러 있던 시간만큼 다음 동작에 합하여 출력이 다시 잠깐 동안만 동작한다.

8번 _____ 9번 _____ 10번 _____

14.지시치에 대하여 출력이 잠시동안 동작하고 동작이 OFF되면 다시 처음부터 시간이 흐르는 동작을 반복한다.

8번 _____ 9번 _____ 10번 _____

15.정해진 설정치에 대하여 교대로 한번은 출력이 ON이 되고 한번은 OFF가 되는 현상이 반복된다.(프리커 기능)

8번 _____ 9번 _____ 10번 _____

16.위 실험에서 보았듯이 디지털 전자식 타이머에 있어서 딥 스위치를 활용하여 행하여지는 동작모드는 여러 가지로 나눌 수 있으며, 시퀀스 제어에 있어서 제어시스템의 특성을 충분히 파악을 하여 모드선정에 각별히 주의하여야 하겠다.

17.위의 모드 중에서 8번에서 보여진 모드의 방식이 보편적으로 가장 많이 사용되고 있는 모드이며 아날로그형 전자식 타이머의 모든 기종의 8번 모드에 보여진 방식이다.

18.또한 15번 모드의 방식은 앞의 이론에서 설명한 반복기능(FLICKER)을 가지는 모드이고, 9번 모드부터 14번 모드까지는 각 특성별로 선정하여 사용하면 될 것이다.

19.타이머를 정면에서 보면 상부의 윗줄은 디스플레이 장치이고, 하단의

버튼은 설정치를 지정하는 버튼이며, RESET 버튼은 내부내장형으로 설치된 것이며, TIME 버튼은 짧은 출력(one shot)의 시간조절볼륨이다.

C.디지털 전자식 타이머 전원인가 특성실험

1.실험B에서의 이론을 가지고, 타이머에 전원을 인가하여 램프를 부하로 어떠한 결과를 갖는지 모드를 통하여 실험을 하도록 한다

.

2.그림3-18의 회로에 준하여 회로를 구성하도록 하라.

3.회로가 구성되었다면 컷에서 FS4E 타이머를 조심스럽게 분리하고, 분리 시에는 무리하게 힘을 가하지 않도록 하고 "-" 형 드라이버를 써서 조심스럽게 꺼낸 후 좌우에 길에 패인 홈에"-" 형 드라이버를 넣고 살짝 들어 앞으로 당기면 타이머의 본체를 분리할 수 있게 되고 우측면에 딥스위치가 보일 것이다.

4.우선 시간의 조정은 99.99SEC에 있도록 조정하라 (제2장 FS4E 설정모드 참조)

1번 2번 3번 딥 스위치를 ________ 위치에 놓았다.

5.다음은 가산 감산 모드를 선정하도록 하는데 우선 가산모드를 선정하도록 하겠다.(그림2-66참조)

4번 딥 스위치는 ________ 위치에 놓았다.

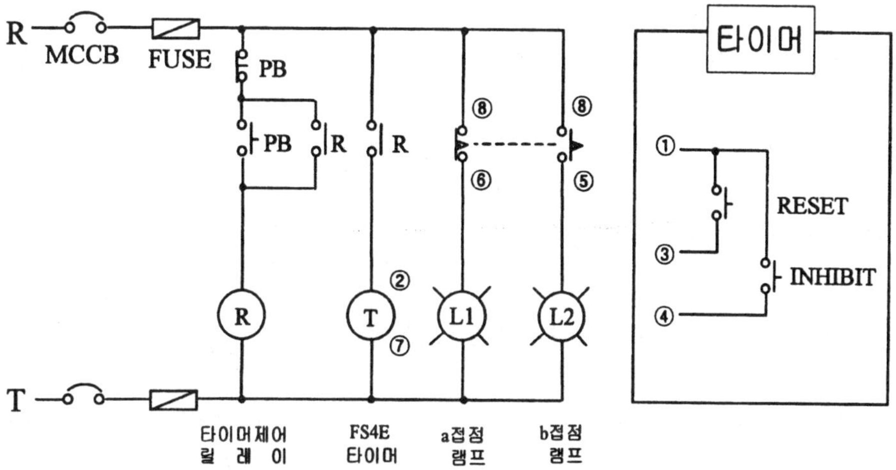

그림3-18 타이머 전원인가 회로

6.정전 보상 유·무 선택은 7번 딥 스위치는 정전 보상 유 상태를 조정하라.

7번 딥 스위치는 ______ 위치에 놓았다.

7.4번부터 6번까지의 설정치를 다시 한번 정리하자면 시간의 설정은 99.99SEC가 최대치로 동작할 수 있으며 0부터 설정치 까지 이동하는 가산모드 형식과 정전시 진행 중이던 시간과 동작이 유지되는 정전보상을 받을 수 있는 상태로 설정되었다.

또한 8번 실험부터 한 단계씩 실험이 진행될 때마다 전원을 차단하고 다시 소켓에서 타이머를 분리하여 재 실험을 하도록 하고, 실험에 임하기

전에 RESET 버튼을 눌러 전 단계에 실행되었던 시간을 "0"로 만든다.

8.설정이 되었다면 커버가 제거된 상태에서 소켓에 다시 장착을 하고 8번부터 10번까지의 딥 스위치를 설정하여 동작되는 상태를, 설정 지시치 10SEC로 하고 시간의 진행을 연속 중지로, 출력 상태(LAMP)를 연속, 또는 펄스(one short)로 기록하도록 하라.

9.8번 OFF 9번 OFF 10번 OFF시

설정 지시치 _____ 초, 시간진행 _____, 출력상태 _____

10.8번 ON 9번 OFF 10번 OFF시

설정 지시치 _____ 초, 시간진행 _____, 출력상태 _____

11.8번 OFF 9번 ON 10번 OFF시

설정 지시치 _____ 초, 시간진행 _____, 출력상태 _____

12.8번 ON 9번 ON 10번 OFF시

설정 지시치 _____ 초, 시간진행 _____, 출력상태 _____

13.8번 OFF 9번 OFF 10번 ON시

설정 지시치 _____ 초, 시간진행 _____, 출력상태 _____

14.8번 ON 9번 OFF 10번 ON시

설정 지시치 _____ 초, 시간진행 _____, 출력상태 _____

15.8번 OFF 9번 ON 10번 ON시

설정 지시치 _____ 초, 시간진행 _____, 출력상태 _____

16.8번 ON, 9번 ON, 10번 OFF시 상태에 대해서는 위 내용을 참고로 하여 기록하라.

____

____

____

____

____

____

____

____

____

17.다시한번 8번의 조건으로 설정을 해 놓고 시간 설정을 30.00SEC로 설정 후 30SEC가 되기 전에 INHIBIT버튼을 눌러서 다음에 대하여 기록하라.

INHIBIT버튼은 외부버튼을 사용하는데 타이머의 단자번호는 ① ④번을 사용하도록 하라.

시간이 계속 진행 중 INHIBIT버튼을 눌렀더니 진행 중이던 시간이 _____가 되고 다시한번 INHIBIT 버튼을 눌렀더니 시간이 계속하여 _____이 되었다.

18.이상에서의 실험에서 보여진 것과 같이 타이머는 시간 제어에 필수적인 역할을 행하게 되며, 전자식 디지털 타이머는 여러 모드에 있어서 특징이 다른 것을 알 수 있었고, 모드 선정에 주의하여야 하며, 재차, 실험 4번부터 ~ 6번까지의 각각의 기능에 대하여 실험하도록 한다.

D,타이머에 의한 제어

1.본 실험 이후부터는 타이머의 설정은 8번 9번 10번 모두 OFF 상태로 그리고 기타 모드의 선정은 최대 99.99SEC로 정전 보상 유 기능과 가산 모드를 기본으로 실험에 임하도록 하겠다.

2.1번의 준비가 되었다면 그림3-19에 준하여 회로를 구성하도록 하라.

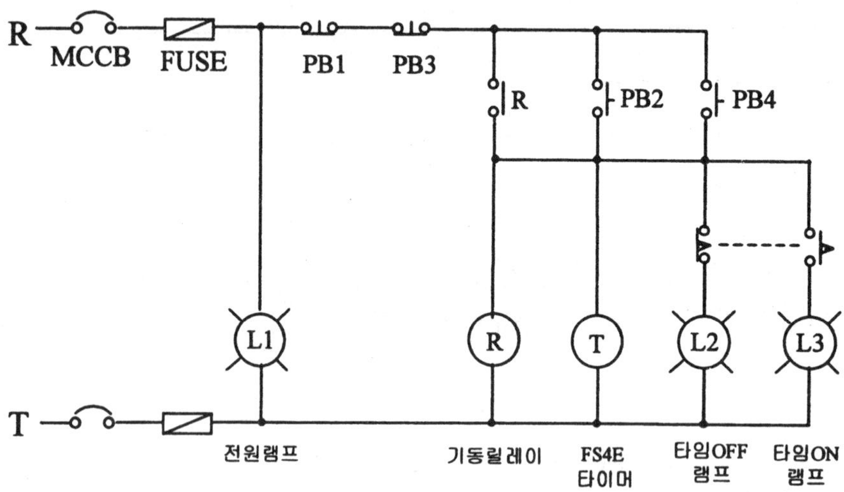

그림3-19 타이머 제어회로

3.회로가 구성이 되었다면 회로를 재차 점검하고 이상이 없다면 전원을 투입하고 관찰하여 다음을 기록하도록 하라.

4.이 회로에서 릴레이 R-a의 접점에 의하여 ______는 기동이 되고, 타이머의 _____ 접점에 의하여 LAMP _____번이 점등이 된다.

5.설정된 시간 후에 타이머의 _____ 접점에 의하여 LAMP _____ 번이 소등이 되고, LAMP _____ 번이 점등이 된다.

6.다시 PB1을 누르면 모든 동작은 OFF가 된다.

7.다시 타이머의 RESET 버튼을 누른 후 PB-4로 기동을 시키고 동작사항을 아래에 기록하도록 하라.

8.다시한번 PB3를 누르면 모든 동작은 완료가 되는데 타이머의 동작은 한번 진행되고 재차 기동을 시키려면 내부의 RESET 버튼을 눌러야 하는데, 타이머의 외부 단자중 ①,③번에 푸쉬 버튼이나 릴레이의 a접점을 넣으면 자동으로 RESET을 만들 수 있는데, 기동시(PB2 또는 PB4)에 동작되는 R의 접점을 추가한 회로도를 도시하고, 실험하여 그 결과를 기록하도록 하라.

[실험 고찰]

6.카운터에 의한 제어 실험

[실험 목적]

1.카운터의 기능/기능 설정에 대하여 실험 고찰한다.
2.카운터의 입력방법과 출력방법에 대하여 실험 고찰한다.
3.카운터를 이용한 제어법에 대하여 실험 고찰한다.

[실험 재료]

1.카운터 -- 1대
2.카운터소켓 ------------------------------------- 1개
3.카운터입력용센서 -------------------------------- 1개
4.전원투입용 전선 --------------------------------- 1개

[실험 장비]

1.회로시험기 ------------------------------------- 1대
2.시퀀스트레이너 ---------------------------------- 1대
3.센서실험장치 ------------------------------------ 1대
4.리미트실험장치----------------------------------- 1대

[실험 이론]

1) 카운터(Counter)의 개요

레지스터의 일종으로 입력신호 즉, 펄스 신호를 받음으로써 카운터의 수치가 1개씩 증가 또는 1개씩 감소하는 구성을 가지는 표시장치 또는 컨트롤러를 총칭하는데, 보편적으로 카운터의 구성을 보면 2가지로 구분이 되어지고 있으며, 표시전용 또는 감산과 가산을 동시에 수행 하는 구조에 컨트롤러가 내부에 내장되어 있어서 제어에 쓰이는 것이 있으며 응용하는 제어에는 수량제어가 기본이 되며, 수량제어부의 펄스신호는 보통 근접센서, 포토센서, 유전체센서, 리미트 스위치가 사용이 되고 있다.

길이제어의 응용에는 종이의 길이 비닐 등의 길이를 측정 제어하는데 이 경우 펄스신호는 보통 로터리식 엔코더를 많이 사용하고 있으며, 위치제어도 응용이 되고 있다.

[실험 방법]

A.카운터의 특성실험

1.카운터는 입력되는 1개의 펄스신호 (또는 접점신호)가 가해질 때마다 계수를 하여 설정된 계수값이 되면, 출력을 (접점을 여닫는 방법 +12V 50mA±10%의 전원을 내보내는 방법) 발생시키는 계수기이다.

2.카운터에 있어서 입력신호를 헤아리는 방법은 0에서 설정치에 이르는 _____ 카운트 방법과 설정치 에서 0에 이르는 ______ 카운트 방법으로 나뉘며, 본 실험에 사용되는 FS4E 카운터의 모드에는 감산, 가산 모드를 선택 할 수 있도록 되어 있다.

3.카운터의 응용방법에 대하여 알아보면 종이, 비닐 등 길이를 제어하는 _____제어, 높이 등 어떠한 위치를 파악하고 제어하는_____제어, 생산된 제품의 수량을 파악하거나, 제어할 때 쓰이는______등으로 나눌 수 있다.

4.또한 입력신호를 받기 위해서 무접점 방식으로는 DC12[V]로 가동되는______가 있으며, 유접점 방식으로는______스위치 또는______ 스위치 등을 IN 단자 또는 리셋단자에 직결하여 사용할 수 있다.

5.그리고 센서를 사용할 경우 주의하여야 할 점은 검출체가 센서에 검출되었을 때인지 지나가고 난 후 인지가 관점이 되는데, 예로써 PR18-5N 센서를 쓰면, 센서가____에서 ____시 계수하고 PR18-5DP센서를 쓰면, 센서가_____에서_____시에 계수가 되는데, 이는 근접센서의 동작 상태에 대하여 근접센서가 a접점형인지 b접점형인지에 대하여 결정이 되는데 PB18-5DN은 N.O 상태로 근접센서가 검출체가 근접했을 때 a접점이 되고, PB18-5DP는 N.C로 상태로 근접센서가 평상시 접점이 붙어 있다가 검출체를 감지할 때 떨어지고 검출체가 지나간 후 다시 붙는 방식이다.

6.계수속도의 선정에는 OFF시____cps 이고 ON시____Kcps 2가지로 구분이 되는데, 일반적 유접점제어(시퀀스제어)에 있어서는 보통 30CPS 모

드에서 사용이 되고 무접점 제어(PLC제어 등)에서는 2Kpcs 모드에 서 사용이 된다.

7.유접점의 입력 방식에는 릴레이 접점, 리미트의 접점, 버튼의 접점 등을 들 수 있으며 무접점 입력 방식으로는 로타리식 엔코더, PCS의 출력 신호 등 전자적 ON/OFF가 발생되는 경우에 사용이 된다. 통상 시퀀스 제어에는 30CPS 모드를 사용한다.

B.FS4A의 특성실험

1.FS4A 전자식 카운터는 현재 보편적으로 사용되고 있는 카운터이다.

2.FS4A에서 숫자 4는 4자리의 숫자 까지 표시할 수 있다는 의미이며 최대 _____ 까지 표시할 수 있으며,

3.하단의 디지털 스위치는 설정치를 정하고자 할 때 사용이 되며 최대 _____회까지를 설정할 수 있다.

4.보편적으로 카운트 방식은 가산모드를 많이 사용하고 있다.

5.출력동작에 대해서는 내부의 딥 스위치를 조작함으로써 출력(접점신호 또는 +12V 500mA±10%의 신호)를 발생하게 되어있는데 제2장의 ④출력동작 모듈을 보고 다음을 기록하도록 하라.

6.지시치가 설정치가 되어도 계속 계수를 시행하고 출력은 설정치 에서 동작하여 리셋 신호가 가해질 때까지 유지한다.

5번 딥스위치_____, 6번 딥스위치_____, 7번 딥스위치 _____.

7.지시치가 설정치가 되면 계수는 카운트를 정지하고 출력은 설정치 에서 동작하여 리셋신호가 가해질 때까지 유지한다.

5번 딥스위치_____, 6번 딥스위치_____, 7번 딥스위치_____.

8.지시치는 설정치가 되면 자동 리셋이 되어 "0" 부터 다시 계수하고 출력은 설정된 시간동안 (FS4A 본체의 TIME 시간)만 동작하는 행정을 반복한다.

5번 딥스위치_____, 6번 딥스위치_____, 7번 딥스위치 _____.

9.지시치는 설정치가 되면 시행이 정지하며 출력은 설정시간 동안 동작 후 OFF가 되고, 출력이 OFF된 후 자동 리셋이 되어 행정을 반복한다.

5번 딥스위치_____, 6번 딥스위치_____, 7번 딥스위치 _____.

10.지시치는 설정치가 넘어서도 계속 리셋이 될 때까지 시행이 되고, 출력은 설정치가 되면 정해진 시간동안만 동작하고 OFF한다.

5번 딥스위치_____, 6번 딥스위치_____, 7번 딥스위치 _____.

11.지시치는 설정치가 되면 "0" 부터 다시 계수를 반복시행하고 출력은 설정치가 되면 정해진 시간동안만 동작하고 OFF한다.

5번 딥스위치_____, 6번 딥스위치_____, 7번 딥스위치 _____.

12.지시치가 설정치가 되면 정해진 시간만큼 출력이 동작이 되며, 동작되는 시간만큼 지시치는 계속 계수를 하다가 출력 동작이 OFF가 되면 지시치도 "0" 부터 다시 계수 한다.

5번 딥스위치_____, 6번 딥스위치_____, 7번 딥스위치 ______.

C.FS4A 전자식 카운터의 전원인가 특성실험

1.그림3-20에 준하여 회로도를 구성하도록 하라.

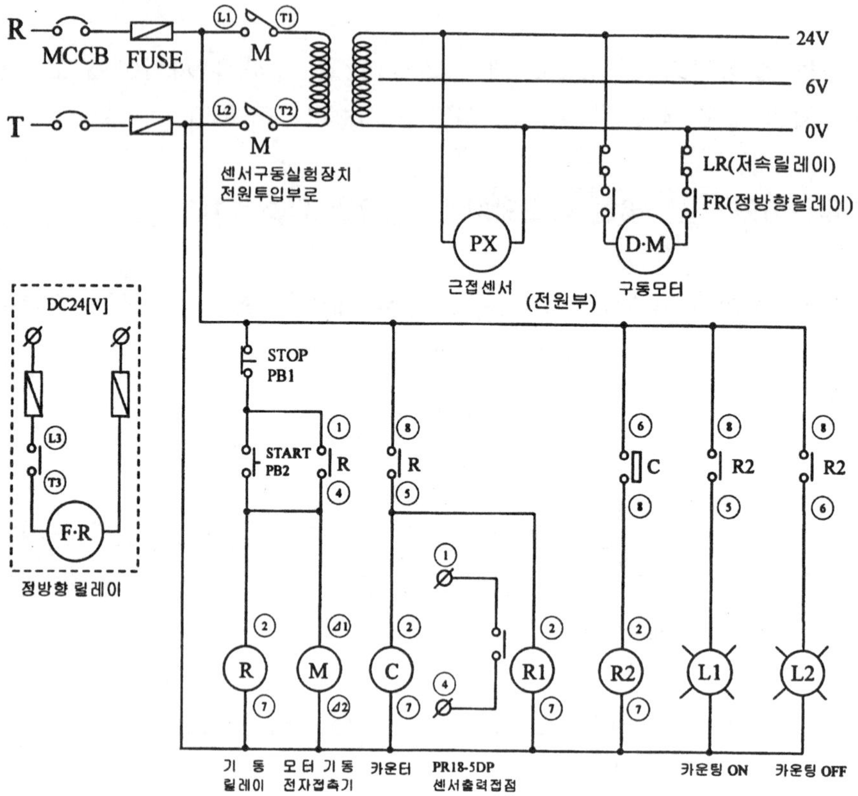

그림3-20 카운터 전원인가 특성실험 회로

2.회로를 구성 할때 전자접촉기는 M1을 사용하도록 하고 전원부의 PX (근접센서)와 직류전동기(DM) 부분은 외부에서 별도 결선이 필요하다.

3.시퀀스부분의 제어부는 각자 부품을 이용하여 회로를 결선한다.

4.R1 ~ R2까지는 8P보조릴레이 이고, PR18-5DP센서 출력은 a접점을 사용하는데 릴레이의 a접점(흑, 적색 단자)를 사용하도록 한다.

5.그리고 카운터의 a접점은 ⑧번 ⑥번단자의 접점을 이용하도록 한다.

6.회로구성이 완료되었다면 다시 한번 회로를 점검하도록 하라.

7.타이머의 실험과 동일한 방법으로 우선 카운터를 소켓에서 분리하도록 하라.

8.분리된 카운터는 "-"자 드라이버를 사용하여 커버를 조심스럽게 분리하도록 하고 내부의 딥스위치를 확인하라.

9.확인되었다면 기본 설정을 하도록 하겠으며, 먼저1번 딥스위치는 가산, 감산 모드를 선정하는 것으로써 본 실험에서는 가산모드 즉, "0"에서 설정치에 이르는 모드를 선정하도록 하라.

1번 딥스위치는______상태로 선정하였다.

10.3번 딥스위치는 계수속도를 선정하는 것으로써 본 실험은 유전점에 의한 구동이므로 30CPS 모드를 선정하도록 한다.

3번 딥스위치는______상태로 선정하였다.

11.4번 딥스위치는 정전보상에 있어서 유·무를 선정하는 것으로 정전 보상을 받는 방법을 선정하도록 한다.

4번 딥스위치는______상태로 선정하였다.

12.9번 실험부터 11번 실험까지의 내용을 정리하자면 FS4A카운터의 설

정모드는 계수방법은 가산으로 하고 계수 속도는 30CPS 이며 정전시 계수의 보상을 받도록 설정되었다.

13.선정이 완료가 되었다면 커버를 제거한 상태에서 다시 시퀀스회로에 장착을 하고 소켓을 접속하도록 하라.

14.모든 준비가 되었다면 MCCB를 투입하여 전원을 인가하고 출력되는 상태를 다음에 기록하도록 한다.
이때 설정치는 10회로하고 출력시간 조절 TIME은 최대로 한다.

15.준비가 완료가 되면 전원을 투입하고 다음 조건에 대하여 기록 하도록 하라.

16.우선 전원을 투입하고 카운터가 계수하는 방법을 기록하도록 하라.

센서가______에서 ______시 계수를 한다.

17.다시 전원을 차단하고 5번 6번 7번의 딥스위치를 조정하여 특성을 관찰하여 기록은 연속, 불연속, 정지, 잠시동작으로 표기하고 다음실험에 들어가기 전에 반드시 RESET버튼을 눌러 초기화 한다.

18.5번 OFF, 6번 OFF, 7번 OFF시

지시치는 설정치에 대하여 ______ 이고, 출력도 ______ 이다.

19.5번 ON, 6번 OFF, 7번 OFF시

지시치는 설정치에 대하여 ______ 이고, 출력도 ______ 이다.

20.5번 ON, 6번 ON, 7번 OFF시
지시치는 설정치에 대하여 자동 RESET이 되며, 처음부터 다시 _____ 으로 움직이며 이때 출력은 설정치가 되면______한다.

21.5번 OFF, 6번 OFF, 7번 OFF시
지시치는 설정치에 대하여 RESET신호가 투입되기 전까지_____으로 동작되고 출력은 설정치에 대하여______한다.

22.5번 ON, 6번 OFF, 7번 ON시
지시치는 설정치에 대하여______이고 출력은 설정치에 대하여______하다가 출력이 중단되며 자동 RESET이 되며 출력 시간동안 계수된______수와 합하여 지시치는______으로 가동된다.

23.5번 OFF, 6번 ON, 7번 ON시
지시치는 설정치에 대하여_____이고 출력은 설정치에 대하여_____하다가 출력이 종료되면 자동 RESET이 되는 행정이 반복된다.

24.이번 실험을 통해서 알게 된 것은 카운터는 계수방법에 따라 계수의 표시방법과 출력방법이 다르다는 것을 알 수 있었으며, 제어에 활용함에 있어서도 특성을 정확히 파악하여, 그 특성에 알맞은 모드를 선택하여야 할 것이다.

25.또한 감산법에 대하여도 17번부터 24번까지의 실험을 반복해 보도록 하고 근접센서의 출력의 신호를 a접점이 아닌 b접점(흑, 녹색단자)를 사용하였을 경우에 대하여 실험하고 그 결과를 기록하도록 하라.

D.카운터에 의한 제어실험

1.본 실험은 카운터에 의해서 전동기를 정·역 및 속도를 제어하는 방법과 자동으로 RESET을 시키는 방법에 대하여 실험하도록 하겠다.

2.그림3-21에 준하여 회로도를 구성하도록 하라.

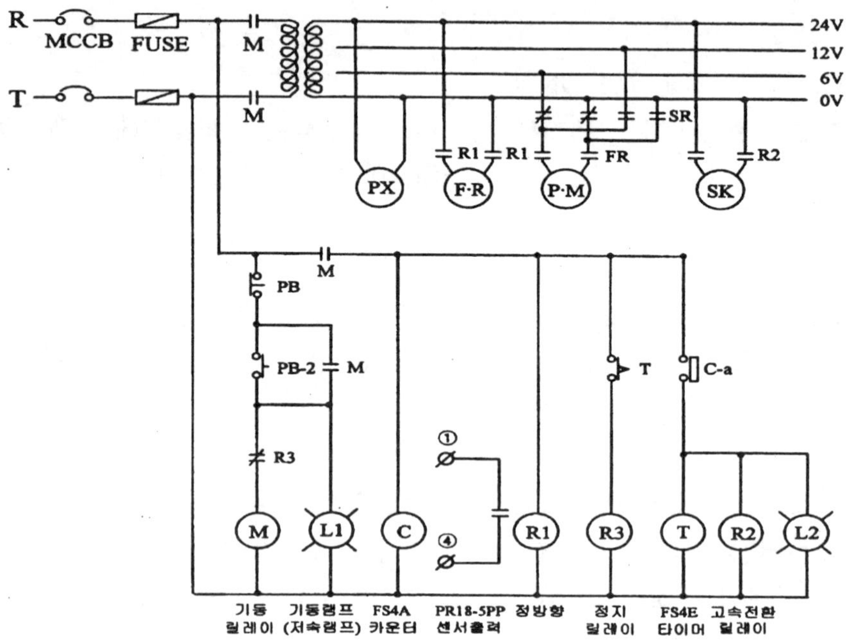

그림3-21 카운터에 의한 제어실험

3.회로를 구성함에 있어서 전자접촉기 M은 자기유지를 시키기 위한 부분이고 근접센서(PX) 속도 조절 릴레이(SR)는 24[V]용으로 실습실 상황에 따라 변경가능하다.

4.시퀀스 회로의 구성에 있어서 카운트 계수의 설정은 10회로 로하고 이때 딥 스위치의 구성은 5번OFF, 6번OFF, 7번OFF모드를 선택 하도록 한다.

5.타이머의 설정도 8번OFF, 9번OFF, 10번OFF로 하고, 시간은 10초로 한다.

6.준비가 되었다면 전원을 투입하고 실험의 결과를 다음에 기록하도록하라.

7.기동버튼(PB2)를 누르기 전, 회로도에서 시퀀스상의 R상에 직렬로 접속되어 있는 M의 a접점은 어떠한 의미를 갖는지 기록하도록 하라.

____

____

____

____

____

____

____

____

____

8.기동버튼을 누르고 난 후, 전자접촉기 M의 ___ 접점에 의하여 전원이 가해지면 전동기(회전판)는______기동하고, 근접센서의 출력에 의하여 계수가 증가하다가 카운트의 횟수가 ____회가 되면서 카운트의 a접점에 의하여 R___번 릴레이와 타이머 그리고 LAMP___번에 의하여______릴레이

에 전원이 가해지면서 전동기의 속도는 _____이 되었다.

9.이때 타이머의 시간이_____SEC를 가르키며 R3번 릴레이가 타이머의 ____접점에 의하여 순간적으로 가동되면서 R___번의 접점에 의하여 기동용 전자접촉기의 ____을 차단하면서 동작이 종료되었다.

10.이상과 같이 카운터를 사용하여 전동기의 기동 및 제어에 응용 할 수 있는 것을 알게 되었을 것이다.

11.재차 반복하여 실험을 할 경우 카운터와 타이머의 내부 RESET버튼을 누르고 난 후 실시하도록 해야 되는데 그 이유를 기록하라.

12.행정이 종료되면 자동 RESET이 되도록 그림3-21을 참조하여 R3의 a 접점을 이용하여 자동 RESET접점을 구성하고 실험하여 기록 하도록 하라.

[실험 고찰]

7.센서에 의한 제어 실험

[실험 목적]

1.포토/근접/유전체 센서의 사용법/선정법에 대하여 고찰한다.
2.각종 소재에 대하여 센서의 선정법에 대하여 실험 고찰한다.
3.센서를 응용한 제어법에 대하여 실험 고찰한다.

[실험 재료]

1.각종센서 -- 1개
2.직류전원장치 -- 1대
3.교류전원투입용전선 ---------------------------------- 1개

[실험 장비]

1.회로시험기 -- 1대
2.시퀀스트레이너 -------------------------------------- 1대
3.센서실험장치 -- 1대

[실험 이론]

1) 포토센서

검출용 센서에는 응용하는 매체에 따라 여러 가지로 구분되는데, 특히 “광”을 매체로서 응용하는 것을 포토센서(광전센서)라고 한다.

포토센서는 무 접촉식 검출방식으로 물체의 유·무, 통과여부 뿐만 아니라, 물체의 크기, 색상, 명암 등을 검출 할 수 있다는 것이 대표적인 용도로 사용이 되어 지고 있다.

2) 근접센서

근접센서(근접스위치)란 종래의 마이크로스위치, 리미트스위치의 기계적인 접점에 의한 것을 무 접촉화 하여 검출 대상물의 유·무를 판별하는 검출기(스위치)이다.

[실험 방법]

A.포토센서의 개요

1.포토센서는 빛을 매개체로서 물체를 검출하는 광전센서라 정의 할 수 있다.

2.포토센서의 종류에는 검출방식에 따라서 구분이 되며 크게 _______,_______,________ 으로 3가지 형태로 구분이 된다.

3.투과형 포토센서는 _______ 와 ______ 가 1개의 조로 이루어져 있으며, 서로 마주보게 일직선상에 설치하여 사용을 한다.
포토센서 중에서 동급과 비교시 검출거리가 가장 길다.

4.밀러반사형 포토센서는 _______ 와 _______ 가 일체로된 형태로 구성이 되어 있으며 반사 밀러와 1개의 조로 형성이 되어있다.

5.직접반사형 포토센서는 _______ 와 ______ 가 일체로된 형태로 구성이 되어 있으며 밀러 반사형과 비슷한 구조이지만, 반사 밀러가없이 사용이 되며, 검출물체의 빛 반사율에 따라서 검출거리에 현저한 차이를 보이게 된다.

6.또한 검출체를 검출하고 출력을 동작하는 방법에 따라서________동작(Light ON)과 _______ 동작 (Dark ON)으로 구분이 되고 있으며, 시퀀스제어에 있어서 입광동작 또는 차광동작으로 동작해야 하는지를 제어특성에 알맞게 선전하여야 한다.

7.그러나 6번의 내용은 검출거리가 멀고, 크기가 큰 것에는 선택 스위치가 내장이 되어있지만, 소형에는 입광동작형과 차광동작형이 따로 생산이 되고 있으므로 특히 소형을 쓸 경우에 주의하여야 한다.

8.일반 유접점의 센서에 비하여 포토센서가 유리한 특징과 응용방법에 대하여 간단히 정리하여 기록하라.

9.또한 설치하는 방법에 따라서 오차가 많이 발생할 수 있는데, 설치방법에 대하여 간단히 정리하여 기록하라.

10.그리고 포토센서는 빛에 의하여 조작되므로 전원 및 노이즈에 대해서도 주의하지 않으면 안되며, 노이즈가 문제가 되는 경우에는 직류형을 사용하면 노이즈에 대하여 조금은 보상을 받을 수 있지만 전원의 설치에 대하여 특별히 주의하여야 하고, 설치방법에 대하여 간단히 정리기록 하라.

B.근접센서의 개요

1.근접센서는 종래의 마이크로 스위치, 리미트 스위치의 기계적인 접촉에 의한 기계적인 접점을 사용하던 것을 무 접점화 하여 검출하는 스위치이다.

2.근접센서는 크게 2종류로 구분이 되는데 ______과 ______형으로 구분이 되고 있다.

3.근접센서의 내부구성을 보면 검출체를 검출하는 ______ 과 전자유도현상을 발생시키는______그리고, 검출체를 찾아내______찾아낸 신호에 대하여 다시 분류하는 ______ 분류된 신호를 증대시키는 ______로 구성이 되어있다.

4.검출물체의 종류에 따라서 검출거리는 차이가 있으며,그 순서는_____, _____, ______, ______, _____ 순으로 구분이 되므로 기계구조가 철 종류가 아닐지라도 검출형태를 기계의 한쪽에 금속제 나사못을 장치하여, 검출 형태를 따로 구성하는 것이 바람직하다.

5.정전용량에 대해서는 유전체 센서라고도 부르며, 물체별로 유전계수는 다른데 유전계수의 최대치부터 순서는 _____, _____, ____, _____, _____로 나눌 수 있다.

6.그리고 고주파 발진형 과 정전 용량형을 동시에 사용할 경우, 정전용량형은 금속물질도 감지하므로 특별히 주의하여야 한다.

7.근접센서의 배선관계에 있어서 근접센서는 내부에 고주파 발진회로가 있으므로 특히 배선에 주의하여야 하는데, 그 주의사항에 대하여 간단히 정리하여 기록하도록 하라.

____

____

____

C. 센서에 의한 제어

1.그림 3-22의 회로도에 준하여 회로도를 구성하도록 하라.

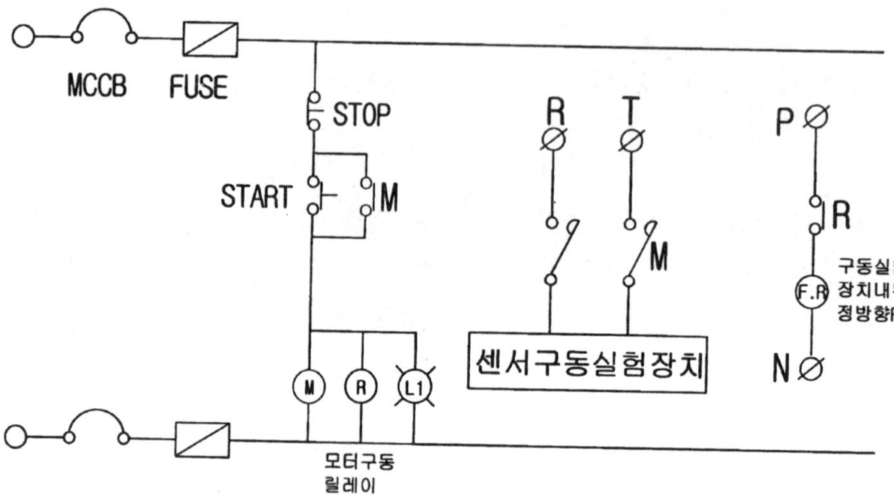

그림 3-22 센서 제어회로

2.회로도 구성에 있어서 M은 CH-3N을 사용하고 L1에 R을 L3에는 T를 결선 하여 센서 구동 실험장치에 전원을 인가하고, 이때 전원이 인가가 되면 내장되어 있는 센서의 전원이 가해지게 된다.

3.또한 시퀀스 트레이너의 DC 24[V] 출력을 MOTOR 구동 릴레이를

통하여 Forward RY에 전원을 인가하여 회로가 구성이 된다.

4.구성이 완료되면 MCCB를 올려 전원을 투입하도록 하라.

5.전원이 투입 되면 START PB를 눌러 회로를 구동시키고 다음을 관찰하여 실험 결과를 기록하도록 하라.

START PB를 눌러서 회로를 구동 시켰더니, 전자접촉기(M)의 ____접점에 의해서 자기유지 되며 Forward RY에 의해서 MOTOR에 전원이 가해지면서 MOTOR가 회전을 하며, 센서 출력용 릴레이가 동작을 하였다.

6.이상의 실험에서 센서가 구동하는 방법에 대하여 실험을 했으며, 센서에 전원이 가해지고, 감지물체가 이동을 하면서 센서가 물체를 감지하여 동작하는 것을 확인 할 수 있었다.

D. 센서 신호에 의한 카운터 제어

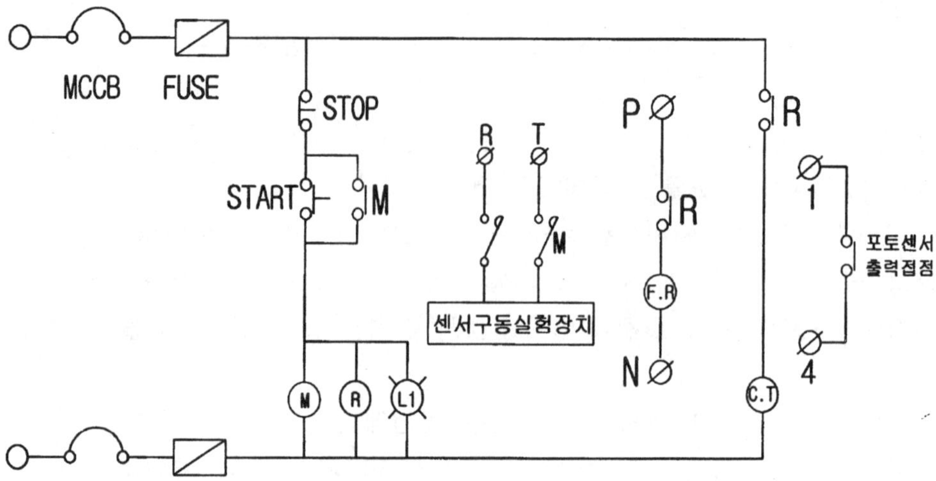

그림3-23 센서 신호에 의한 카운터 제어회로

1.이번 실험은 물건 등의 수량을 파악하는 기계구조에서 주로 사용하는 회로의 기본 단계로서 수량파악을 위하여 카운터를 사용한다.

2.3-23의 회로에 준하여 회로를 구성하도록 하라.

3.이때 C.T는 Counter를 의미하고 Counter 입력 신호는 ① ④번 단자를 사용하도록 하고 입력 신호는 포토센서 RY의 출력 a접점을 사용한다.

4.카운터의 세팅은 1번부터 7번까지의 모드를 모두 OFF로 하고 입력 접속사례와 접속도는 그림 3-24를 참조하도록 하라.

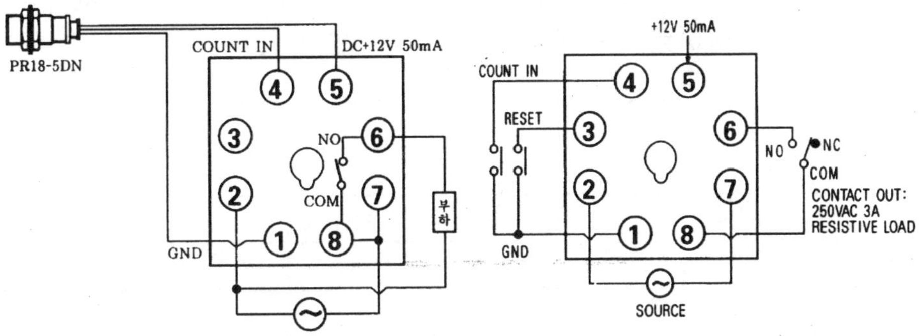

그림3-24 입력, 출력 접속례/접속도

5.회로가 구성이 되었다면 MCCB를 올려 전원을 투입하고 그 결과를 기록하도록 하라.

6.이상의 결과에서 센서의 출력을 받아 카운터에서 계수를 하는 결과를 보았을 것이다.

7.그러면, 카운터의 ⑥번과 ⑧번 단자의 접점을 이용하여 10회 카운터 한 후에 모든 시스템이 정지하는 회로를 아래의 칸에 도시하고, 실험하여 그 결과를 기록하도록 하라.

회로를 구성할 때는 카운터의 접점을 그대로 사용하지 말고 KH102-2C의 릴레이를 사용하여 구성하도록 한다.

[실험 고찰]

8.3상 유도전동기의 정, 역 제어 실험

[실험 목적]

1.시퀀스회로의 고장 진단법에 대하여 고찰한다.
2.3상 유도전동기의 회전자계에 대하여 실험 고찰한다.
3.3상 유도전동기의 정, 역 제어에 대하여 실험 고찰한다.

[실험 재료]

1.3상 유도전동기 ------------------------------------ 1대
2.3상 전원 -- 1개

[실험 장비]

1.회로시험기 -- 1대
2.시퀀스트레이너 ----------------------------------- 1대
3.3상 유도전동기실험장치 ---------------------------- 1대

[실험 이론]

8-1.농형 유도전동기의 기동방식

농형 유도전동기에서는, 권선형처럼 2차 측에 저항기를 접속해서 기동전류를 제한할 수 없기 때문에, 운전시의 전류보다 기동시의 전 전압 기동전류는 일반적으로 크고, 전부하 전류 값의 최대 400~800%정도의 값이 된다.

이것을 저감키 위해서는, 1차 측에 기동장치를 이용할 필요가 있으며, 농형유도전동기의 주요한 기동방식으로서는 다음과 같은 것이 있다.

1)전 전압 기동

특별한 기동장치를 이용하지 않고, 단자에 직접전원전압을 가해서

기동하는 방식으로 가장 단순한 방법이다.

기동충격이 문제가 되지 않는 부하로 전동기가 소 용량의 경우에 가장 일반적으로 이용되고 있지만, 최근은 전원용량이 크게 되고 있기 때문에, 1,000kW이상의 대용량 농형 전동기가 전 전압 기동되는 경우도 적지 않다.

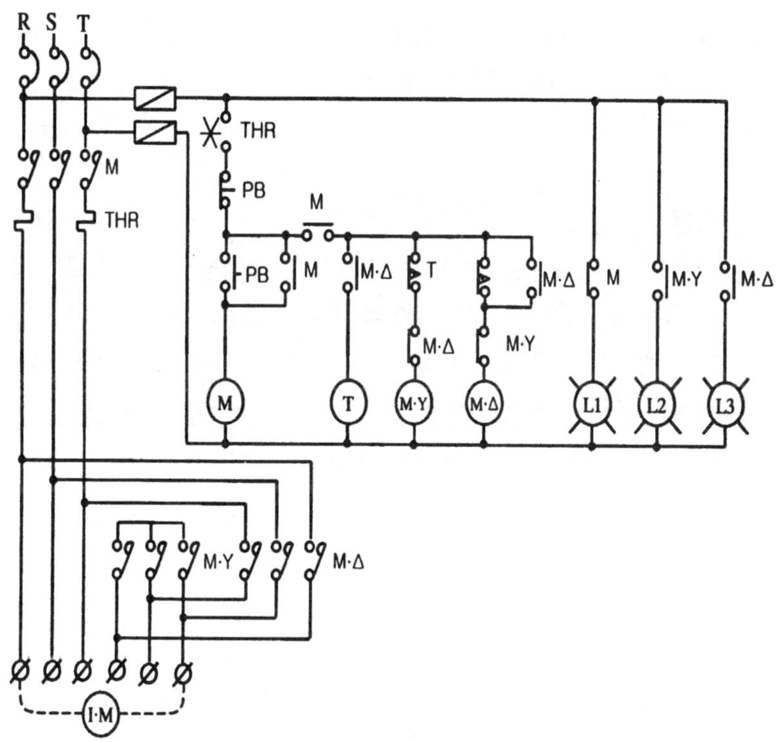

그림3-25 Y-Δ기동회로

2)Y-Δ기동

평상시는 고정자 권선이 Δ결선으로 운전되는 전동기를 기동시만 Y결선으로 하고, 기동완료 후에 권선을 Δ결선에 되돌리는 방식이며, 이 경우에는 기동전류 및 기동토크는 어느 쪽도 전 전압 기동의 $\sqrt{3}$으로 나눈 값만큼까지 감소하게 된다.(간단하게 1/3로 감소하는 것으로 취급하기도 함)

이 방식은 Y에서 Δ로의 변환에 처하여 큰 돌입전류가 흐르는 경우가 있는 결점이 있지만, 기동장치가 단순하고 경제의 부담이 저가이기 때문에, 저압전동기에 있어서 널리 이용되고 있다. 그림3-25는 Y-Δ 기동의 회로도이다.

3)리액터 기동

전동기단자와 전원과의 사이에 3상의 기동용 리액터를 접속해서 기동하고, 기동완료 후에 이 리액터를 개폐기로 단락하는 방식이다. 이 방식에서는 기동전류를 전 전압 기동의 경우의 $1/a$로 되고, 기동토크는 전 전압 기동의 경우의 $1/a^2$이 되어, 기동전류의 감소방식보다 기동토크의 감소방식이 현저한 것이 결점이다.

부하토크가 회전속도의 2승에 비례하는 것(예를 들면, 팬, 펌프)이나, 부하에의 기동충격을 경감하고 싶은 경우에 채용된다.

4)보상기 기동

기동 보상기라고 칭하는 3상 단권변압기를 사용하고, 전동기단자에 관한 전압을 내려서 기동하는 방식이다.

단권변압기에 의해 전원전압을 $1/a$로 내렸다고 하면, 전원에 흐르는 기동전류 및 기동토크는, 모두 전원시동의 경우의 $1/a^2$가 된다.

이 보상기 기동에서는, 가속 후 전 전압으로 변환할 때에 큰 돌입전류를 발생시킬 우려가 있기 때문에, 이것을 억제하기 위해 콘드르파방식이 이용되고 있다.

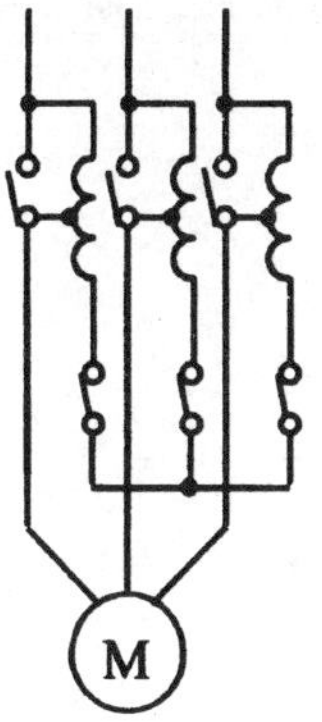

그림3-26

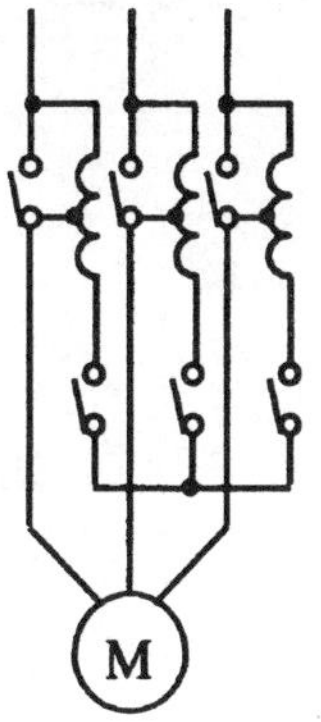

그림3-27

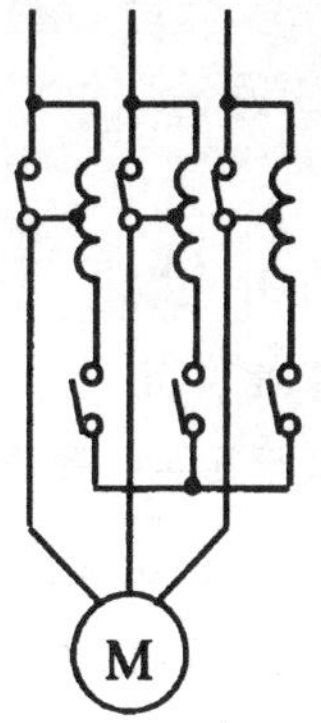

그림3-28

이 방법은 그림3-26의 접속에서 가속한 후, 같은 그림3-27과 같이 단권변압기의 중성점을 연다.

이 때 변압기권선의 일부는 리액터로서 작용하고 전류를 제한한다. 다음에 리액터부분을 단락해서 같은 그림12-7과 같이 하고, 전동기에 전 전압을 인가한다. 이 방법에 의하면 전동기단자가 전원으로 부터 따로 떨어지는 경우가 없기 때문에, 돌입전류의 염려를 줄일 수 있게 된다. 리액터 기동에 비해 큰 시동토크를 내면서 시동전류를 제한하고 싶은 경우에 채용된다.

5)분할권선 기동

고정자 3상 권선을 각상씩 두개의 병렬회로 (2Y 또는 2Δ)으로 나누고, 우선 각상 1회로만으로 통전해서 기동하고, 기동후의 남은 회로를 병렬로 접속하는 방식으로, 전권선에 전압을 인가해서 기동하는 경우에 비해 기동전류를 약 65%, 기동토크는 약40%가 된다.

6)쿠자 기동

고정자 3상중의 1상만으로 리액터 또는 저항을 접속하는 기동방식으로, 간단하고 가격이 저렴한 방법이지만, 기동전류의 억제효과는 적고, 또 전동기의 인가전압이 불평형하게 되기 때문에 기동토크는 현저하게 감소한다.

소 용량 전동기의 완시동(緩始動/쿠션 스타트)용으로서 방적기계의 구동 등에 이용된다.

8-2.속도 제어 방식

1)극수절환제어

유도전동기는 극수에 따라서 속도를 변화시킬 수 있는데, 이 속도를 동기속도라 칭하고 동기속도를 구하는 공식은 다음과 같으며, Ns는 동기속도, f는 상용 주파수 P는 극수를 나타낸다.

동기속도 $Ns = \frac{120f}{P}$ [RPM] 이다

유도전동기의 권선의 극수를 서로 바꾸는 것에 의해서 동기속도를 바꿔, 속도제어를 행하는 방식으로, 단일권선의 접속을 새로 바꿔 극수를 바꾸는 방식과, 2종(또는 그 이상)의 극수가 다른 권선을 하나의 철심에 정리한 방식이 있다.

연속적인 속도제어는 할 수 없지만, 단계적인 속도제어에서 좋은 경우도 많기 때문에, 단순 혹은 저렴한 가격의 방식으로서 널리 이용되고 있다.

극수절환제어는 거의 모든 경우 농형기에 적용되지만, 권선형기에 적용되는 경우도 있다.

2)단일권선에 의한 극수전환

그림3-29는 8극접속(저속접속), 그림3-30은 4극접속(고속접속)을 나타낸다. 3상분의 권선의 접속법은, 부하의 토크속도특성에 응해서 선정된다. 그림3-29.30의 일례는 체감토크부하의 경우의 접속을 나타낸 것이다.

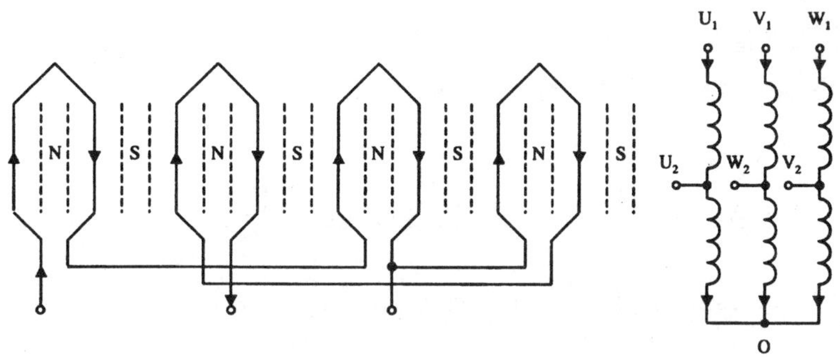

1상분의 접속 3상분의 접속

그림3-29 8극 접속

①극수비 1:2의 전환방식

단일권선의 각상에 설치한 중간탭을 이용해서 극수를 달리 바꾸는 방식으로, 가장 널리 사용되고 있다. 그림3-29.30에 그 일례를 제시하였다.

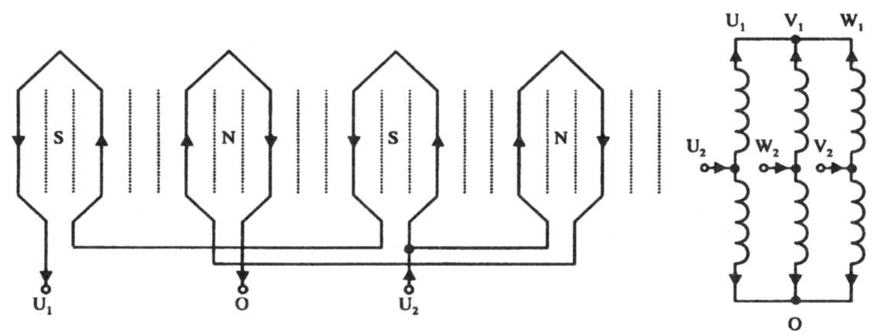

1상분의 접속 3상분의 접속

그림3-30 4극 접속

②PAM(Pole Amplitude Modulation)방식

고정자 권선의 각상이 만드는(어떤 극수의) 자속분포를 진폭변조하는 것에 의해, 새로운 극수를 만들어 내는 방식으로, 1:2 이외의 복잡한 극수비의 절환도 단일권선으로 용이하게 행할 수 있기 때문에, 널리 이용되고 있다. 그림12-10에 그 원리를 제시하였다.

(a)의 자속밀도분포는 B=Asin(P/2)θ로 나타내고,
진폭 A를 A=Csinkθ(그림 (b) 참조)로 변조하면,

$$B = A\sin\left(\frac{P}{2}\right)\theta = C\ \sin\ k\theta\ \sin\left(\frac{P}{2}\right)\ \theta$$
$$= \frac{C}{2}\left\{\cos\left(\frac{P}{2} - k\right)\ \theta - \cos\left(\frac{P}{2} + \theta\right)\right.$$

단, P:극수, K:정수

즉, 극수 P의 자계보다, 극수(P-2k)와 (P+2k)의 혼합한 자계를 얻을 수 있다. (그림 (c) 참조)

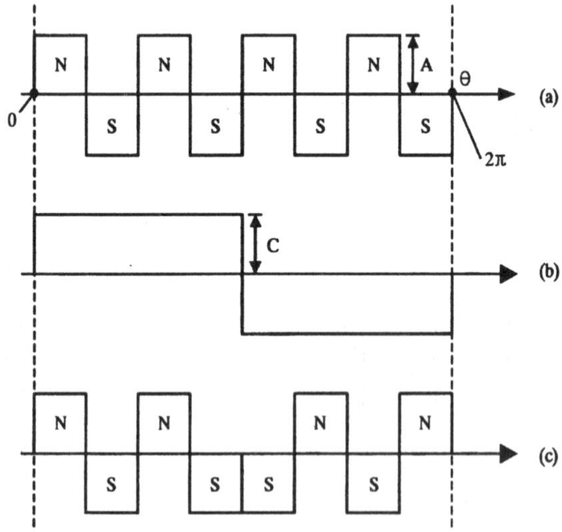

그림3-31. 자극진폭변조(PAM)의 원리도

3상의 각상에 대해서 이처럼 자계를 만들어, 이것들을 합성해서, 한쪽방향의 극수를 소거한다. (P-2k)의 극수를 소거하기 위한 조건은 m/r=(⅓) (1-2k/P)를 만족하는 것이다.

단, r은 3의 배수가 아닌 정수, m은 임의의 정수이다. 동시에 (P+2k)를 소거하기 위한 조건은 m/r=(⅓) (1+2k/P)로 주어진다. 변조방법에는, 그림12-10ⓑ와 같이 권선의 어느 부분의 전류를 반전하는 방법과, 권선의 일부를 각 상으로부터 따로 뗀 후, 어느 부분의 전류를 반전하는 방법이 있다.

③그 외의 방식

이상의 것 외에, 비교적 최근의 방식으로서 Auinger의 고안에 의한 극수절환방식이 있다.

3)2개 이상의 권선에 의한 극수절환

이 방식은 임의의 복잡한 극수비의 절환이 가능하고, 또 각각의 권선을 각 극수에서의 부하에 가장 적당하게 되도록 설계할 수 있지만, 전동기 치수는 일반적으로 크게 된다.

4단계의 속도제어를 필요로 하는 경우는, 1:2의 극수절환이 가능한 단일권선을 2조 세워서 2:3:4:6의 극수전환을 행하는 예가 많다.

4)1차 주파수 제어

유도전동기의 구동용 전원으로서 가변주파수의 전원을 사용하고, 그 주파수를 바꿔 속도제어를 하는 방식이며, 다음과 같은 방법이 있다.

①회전기 전원방식

가변 주파수 전원으로서, 가변속 구동되는 교류발전기 등의 회전기를 이용하는 방식으로, 그 출력주파수와 전압을 거의 비례해서 변화시키며, 유도전동기의 속도를 제어하는 것이다.

포트 모터(pot motor)나, 테이블 롤러(table roll-er)구동, 원자력발전소의 펌프 구동, 선박용 등에 그 응용을 볼 수 있다.

②정지기 전원방식

유도전동기의 가변주파수전원으로서, SCR(thyristor)나 파워 트랜지스터(Power Transistor)등을 이용한 정지전력 변환장치를 사용하는 방식이며, 그림3-32에 보이는 그 방식으로 대별된다.

간접변환방식은 교류전력을 정변환 장치에 의해 직류전력으로 변환하고, 이것을 역변환장치(인버터, inverter)에 의해 가변주파수의 교류전력에 변환해서 유도전동기를 공급하는 방식이며, 인버터에는 전압형 인버터와 전류형 인버터의 두 방식이 있다.

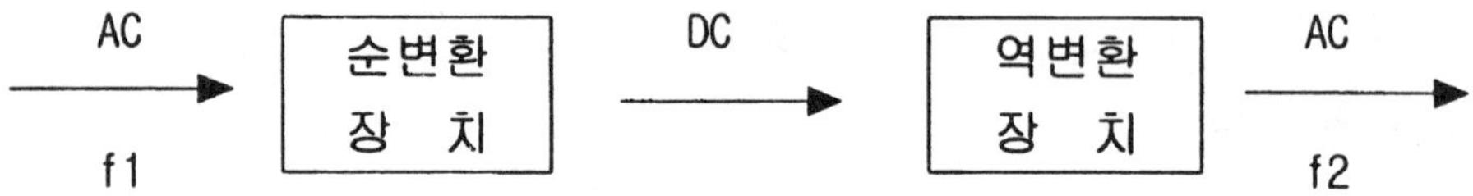

(a) 간접변환방식

(b) 직접변환방식

그림3-32 정지형 가변주파수변동장치

최근은 파워 트랜지스터 등의 자기 소호형 소자의 진보에 의해, 이것을 이용한 펄스(pulse)폭 변조 방식의 전압형 인버터(PWM인버터)가 진보하고, 이것에 의한 유도전동기의 가변속 구동방식이 널리 보급되고 있다.

직접 변환방식은 교류전원으로부터 직류를 넣지 않고 직접 주파수의 다른 교류전력을 얻어, 이것을 유도전동기에 공급하는 방식이다. 이 변환방식에 의한 출력주파수의 상환은 일반적으로 전원주파수의 ⅓~½ 정도이며, 고속회전을 할 수 없는 결점이 있지만, 전력변환효율이나 출력 파형이 양호하기 때문에, 중·저속의 역의 중·대용량기의 속도제한방식으로서 사용된다.

정지형 전력변환기에 의한 유도전동기의 가변속도에는, 변환기의 출력주파수를 출력전압에 거의 비례시켜 변화하는 제어방식이 넓게 이용되고 있지만, 최근 전류전동기병렬 응답성을 얻을 수 있는 방식으로써 벡터제어 등도 실용되게 되었다.

5)1차 전압제어

유도전동기의 1차 단자전압의 크기를 바꿔 속도 제어하는 방식으로, 사이리스터와 다이오드(diode)를 역 병렬로 한 것을 1차 각상과 전원과의 사이에 접속하고, 사이리스터의 제어 각을 바꾸는 것에 의해 전동기의 가해진 전압을 바꾸어, 속도를 제어하는 방식등이 있다. 주로 소 용량으로 된다.

6)2차 저항제어

비례추이를 이용한 권선형 유도전동기의 속도제어방식으로, 2차 단자에 가변저항을 삽입해서 행한다. 가격이 저렴하고, 또 구성이 단순해서 조작이 용이하기 때문에 펌프·송풍기·크레인·권상기 구동용의 전동기의 널리 이용되고 있다.

효율이 나쁘다는 것, 속도 변동 율이 크다는 것, 경 부하시의 속도 제어에 곤란하다는 것 등이 결점이다. 또한, 2차 삽입저항을 바꾸는 대신에, 2차 측에 초퍼(chopper)제어를 적용해서 등가적으로 2차 삽입 저항을 변화시켜, 속도를 제어하는 방식(2차초퍼제어방식)도 이용되고 있다.

7)2차 여자에 의한 속도제어

권선형 유도전동기의 2차 단자에 외부로부터 2차 전압과 평형하는 방식으로, 대표적인 방식으로서 크레머방식과 셀비우스방식이 있다.

크레머방식은 유도전동기의 2차 단자에 있어서 전력을 보조변환장치를 끼워서 기계동력으로 변환하여 유도전동기의 축에 반하는 방식이고, 셀비우스방식은 2차 전력을 보조변환장치를 끼워서 전원주파수의 교류전력으로 변환해 전원에 반하는 방식이다.

양 방식이라 하더라도, 이전은 보조변환장치로서 회전기를 이용한 방식이 여러 가지 고안되어 실용되었지만, 근년은 보조변환장치에 정지전력변환기의 적용이 진행되어 최근에는 그 방식이 대표적인 방식으로 되어 있다.

①정지 크레머방식

그림3-33에 나타낸 방식으로 모터의 2차 출력을 실리콘(silicon)정류하고, 이것을 모터에 직결시킨 직류전동기의 전기자에 공급하여, 기계동력으로 변환하여 축 출력에 더한다.

속도는 직류전동기의 여자조정에 의해 조정된다. 이 방식은 정출력 특성을 가지고 있다.

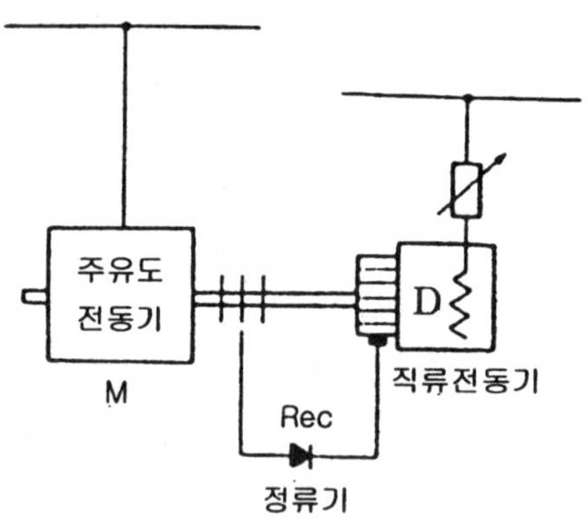

그림3-33 정지크레머방식

②정지 셀비우스방식

그림3-34에 나타낸 방식으로, 모터의 2차 출력을 정류기에서 정류하여, 이것을 인버터로 전원주파수의 교류전력에 변환해서 전원에 반송하는 방식이다.

속도는 인버터의 제어 각을 조정하는 것에 의해 조정된다. 이 방식은 정 토크 특성을 가지고 있다. 상기 2가지 방식 중에서는, 보수와 수명 등의 점에서 뛰어난 정지 셀비우스방식이 응용의 주류가 되고 있다.

또한 정지 크레머방식의 변형으로서, 그림3-33의 직류전동기 부분을 무정류전동기에서 옮겨놓은 무 정류자 크레머방식, 정지 셀비 우스방식의 변형으로서, 그림3-34의 정류자와 인버터를 사이클 컨버터로 옮겨놓은 초동기 셀비우스방식, 브러쉬를 생략한 브러시리스(brushless) 셀비 우스방식 등이 있지만, 이것들의 제작 수는 극히 한정되어 있다.

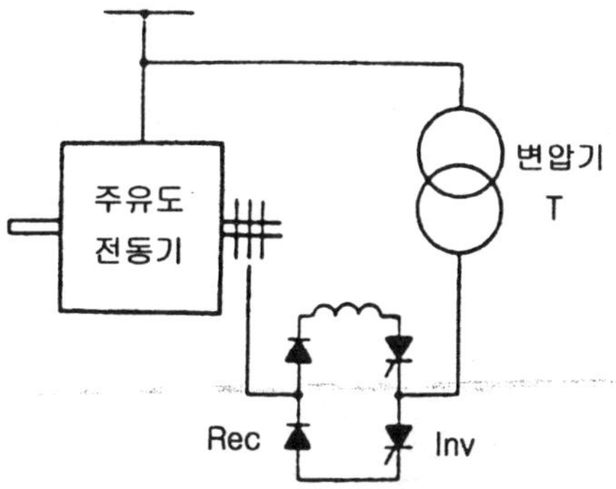

그림3-34 정지셀비우스방식

[실험 방법]

3상 유도전동기의 정회전, 역회전방법

1.3상 유도전동기의 회전방향을 바꾸기 위해서는 전원선의 두 상의 방향을 서로 바꾸어 주면 된다.

2.그림3-35에서와 같이 3상 유도 전동기의 정, 역회로를 구성하도록 하라.

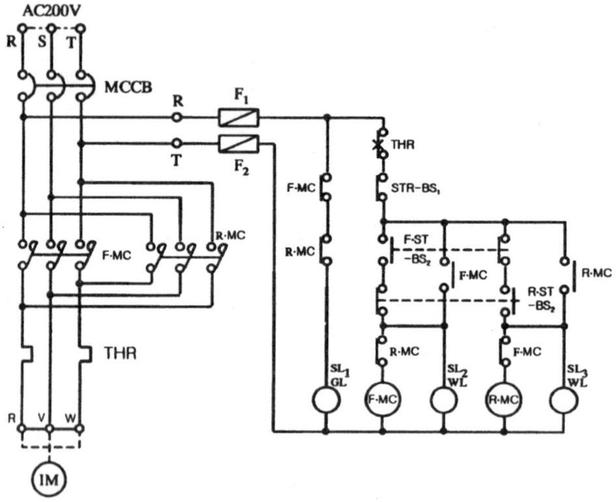

그림3-35 3상 유도전동기 정, 역회로

3.주 회로의 전원 전압은 3상 유도 전동기의 정격전압으로 하고 제어회로에는 반드시 휴즈나 차단기를 설치하여 회로를 보호하여야 한다

4.주 회로를 구성할 때에는 전자접촉기의 F-MC,와 R-MC를 이용 하도록 한다.

5.보조회로를 구성할 때에는 전자접촉기의 보조회로(좌, 우측 접점)를 이용하도록 한다.

6.회로가 구성이 되었다면 회로를 점검하고 전원을 투입하도록 하라.

7.전원이 투입됨과 동시에 SL1-GL이 점등되었는데 그 이유를 기록 하라.

8.이때 F-ST BS2를 누르면 어떠한 동작이 일어나는지 기록하라.

9.F-ST BS2를 누르면 전자접촉기____이 동작을 하면서 3상 유도 전동

기는 정 방향으로 회전하고, 전자접촉기____의 보조접점에 연결LAMP____이 점등이 되며, LAMP____은 소등 된다.

10.LAMP SL1-GL이 소등된 원인은 무엇인가?

____

____

____

____

____

____

____

____

11.이때 R-ST BS2를 누르면 어떤 동작이 일어나는지 기록하고 그 원인은 무엇인가?

____

____

____

____

____

____

____

____

12.다시 F-ST BS2를 누르면 어떤 동작이 일어나는지 기록하고 그 원인은 무엇인가?

____

____

____

____

____

13,다시 STR-BS1을 누르면 전자접촉기____이 동작을 멈추게 되면서

3상 유도 전동기는 회전을 멈추고 LAMP____이 소등되고 LAMP____이 점등이 된다.

14.3상 유도 전동기가 회전을 완전히 멈춘 후 다시 R-ST BS2를 누르면 어떤 동작이 일어나는가?

____

15.이때 전자접촉기____이 동작을 하면서 3상 유도 전동기는 역 방향으로 회전하고, 전자접촉기____의 보조접점에 연결LAMP____이 점등이 되며, LAMP____은 소등 된다.

16.회로도에서 F-MC상부의 R-MC-b접점과 R-MC상부의 F-MC-b접점의 용도와 기능을 설명하시오.

____

이상의 실험에서 보았던 것처럼 보조회로의 접점을 이용하여 전자접촉기를 제어하고 전자접촉기의 주 회로를 이용하여 전동기를 정 또는 역회전 시키는 것을 알 수 있었을 것이다.

[실험 고찰]

9.3상 유도전동기의 Y-Δ기동 제어 실험

[실험 목적]

1.3상의 배전방식에 대하여 고찰한다.
2.3상회로의 시퀀스배선규정에 대하여 실험 고찰한다.
3.Y-Δ기동법 / 적용범위에 대하여 실험 고찰한다.
4.3상 유도전동기의 속도 제어법에 대하여 실험 고찰한다.

[실험 재료]

1.3상 유도전동기 ------------------------------------ 1대
2.3상 전원 -- 1대

[실험 장비]

1.회로시험기 -- 1대
2.시퀀스트레이너 ------------------------------------ 1대
3.3상 유도전동기실험장치 ---------------------------- 1대

[실험 이론]

3상의 배전방식

1)비접지식 3상3선식

이 방식의 배전선은 대부분의 경우 전원변압기의 Δ권선으로부터 3선으로 끌어내어 진다.

그러나 통상은 변전소에 있어서 영상전압검출용 전압변성기의 2차 측 Δ권선의 개방시에 수십~수백Ω 정도의 저항을 접속하기 위해 1차 측으로 환산하면 수천Ω 이상의 고 저항으로 접지 되게 된다.

이 방식에서는 일선지락 고장 시에는, 지락전선이 수십A 정도로 작으며 저압선과의 혼촉이 일어난 경우에도 저압측 대지전압상승(혼촉시 저압측 전압상승)도 거의 일어나지 않는다.

한편 지락사고의 선택차단이 비교적 어려워지지만 고 감도 보호계전기로 6㏀정도의 고 저항지락고장까지도 검출할 수 있다.

단, 이 방식은 1선 지락 고장중의 건전상 대지전압이 높아지기 때문에 계통절연레벨은 비교적 높게 취하지 않으면 안되며, 종래의 3.3 ~ 6.6 KV 선로에서 이 방식이 많이 채용되고, 20kV급 가공배전선으로도 사용되는 일도 있다.

2) 중성점 단일접지 3상 3선식

저항의 비 접지계통이 주류이지만 특별한 필요성이 있을 경우 다음과 같은 배전 변전소의 중성점에 있어서 임피던스접지방식이 채용된다.

즉, 비 접지계통의 진행 위상의 고장 점 전류를 보상하기 위한 리액터 접지방식, 대도시 케이블계통의 확대에 따른 지락 계전기의 검출감도 저하 등의 방지, 혹은 중성점 전위안정화를 꾀하기 위한 저 저항(40~90Ω) 접지 방식 등이다.

최근의 20kV급 선로에서는 계통절연레벨의 저감을 꾀할 필요성 때문에 중성점을 저항접지 하는 경향이 있다.

그 저항치는 혼촉 시에 저압 측의 전압상승, 유도장해 및 지락보호 등의 관점에서 일반적으로 60~900Ω으로 설정되어 있다.

3) 성형결선 3상 4선식

이 방식으로는 중성점의 접지 방법에 의해 그림3-36(2)에 나타난 것 같은 방식이다. 그림의 단일직접접지방식은 중성 선 1조를 가설하는 것으로 일선지락고장중의 건전상의 전압상승은 낮지만 고장시의 유도장해와 혼촉시의 저압 측의 전압상승 등의 문제가 발생된다.

그림의 단일저항접지방식은 중성점을 통상 수백Ω이하의 저항으로 접지하는 것으로 일선지락 고장중의 건전상의 대지전압의 상승은 높아진다.

그림의 공통중성선 다중접지방식의 특징은 1차 측의 중성선과 저압선의 접지측의 전선을 접속해서 중성선을 다수의 지점에서 접지 하는것이다. 1선 지락 고장중의 건전상 대지 전압상승과 혼촉시의 저압측의 전압상승은 억제할 수 있지만 경우에 따라서 유도장해대책을 필요로 하는 일이 있고 고 저항 지락고장의 검출이 어렵다.

이외에 대지를 중성선으로서 이용하는 일도 생각되지만 실용화되어져있지는 않다.

일본에서는 3.3KV 혹은 6.6KV로부터 계기의 결선변경에 의해서 5.7KV 혹은 11.4KV 3상 4선식 배전이 행해지는 일이 있고 그림의 단일저항 접지방식 혹은 그림의 공통중성선 다중접지방식이 취해진다.

우리나라 및 미국에서는 공통중성선 다중접지방식이 보급되어 있다.

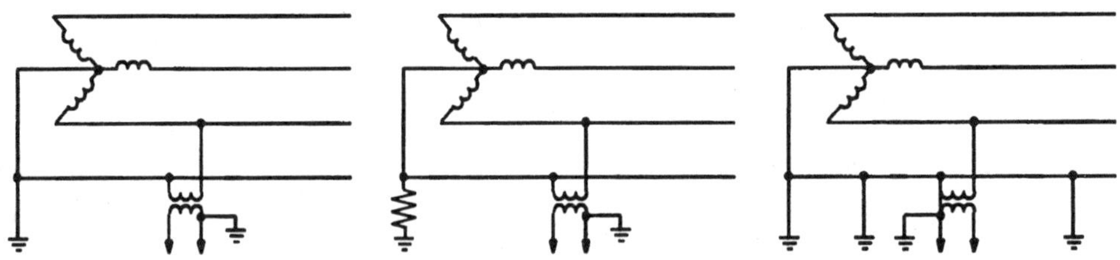

(1)단일직접접지방식 (2)단일저항접지방식 (3)공통중성선 다중접지방식

그림3-36 특고·고압배전선의 3상 4선식

4) 용량성 3상 4선식

이 방식은 전등수요와 동력수요가 혼재하는 지역에서 일반적으로 행해지는 배전방식이다

일본에서는 단상 및 3상 부하의 전압비가 1:2정도이기 때문에 그림 3-36(a)와 같은 결선이 채용된다.

처음 방법은 V결선의 3상 3선식 200V 선로와 단상 3선식 100/200선로를 조합시킨 형으로 되어있다.

양 변압기의 용량의 선정에는 단상, 3상부하의 비율 및 그 부하곡선 등을 고려한다.

진행 위상 측의 변압기에 단상 부하를 거는 접속 방식을 진상 접속, 그것과 반대의 것을 지상 접속이라고 하지만 전자 쪽이 유리한 일이 많다.

본 방식 그것이 비대칭 회로를 형성하고 있기 때문에 3상, 단상 부하와 함께 전압간의 불균형을 초래한다. 또한 전동기의 기동전류에 의한 플리커현상의 발생에 대해서도 주의를 요한다.

다음 방식은 V결선을 Δ결선에 바꿔놓는 것으로 3상회로의 전압의 비대칭성 및 변압기 이용율은 개선되지만, V결선 쪽이 간단하기 때문에 본 방식은 그다지 채용되지 않는다.

14-4.Y-Δ기동회로의 전개접속도를 보는 법

전개 접속도에 도시된 시퀀스제어회로의 동작 내용을 해독하는데는 접속도에 기입되어 있는 기기 및 접점의 심벌과 그림기호를 반드시 알아두어야 한다.

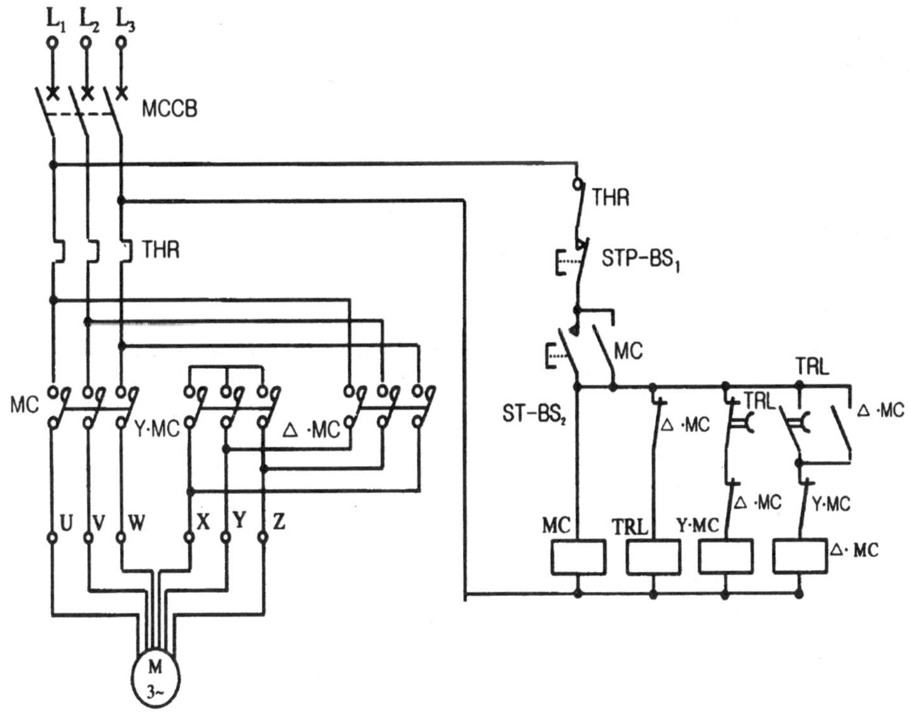

그림3-37 계열2에 의한 자동 Y-Δ기동회로의 전개접속도

심벌은 전기용 그림기호에 또 제어기호, 문자기호, 기구번호는 시퀀스 제어기호, 자동제어기호, 배전반, 제어반, 제어장치의 용어 및 문자기호로 정해져 있다.

이와 같이 규격에 의해서 시퀀스 제어 기호가 정해져 있다. 이 규격이 제정될 때까지 사용된 숫자기호는 1~99의 숫자를 주체로 해서 사용되고 있었는데, 일반산업용에서는 기기 및 장치의 종류도 많아 숫자만으로 모든 장치, 기기 및 그들 기능의 표시는 곤란하게 되었으며, 또한 숫자기호는 대응하는 기기 또는 장치의 명칭과는 아무 관련을 갖지 않으므로 이것을 기억하거나, 신속히 이용하기는 용이하지가 않다.

따라서 이러한 현상의 개선을 도모함과 동시에, 최근의 정보처리장치의 발전에 따라 로마자의 대문자를 조합해서 기기 및 기능의 의미를 부여하고 표시하는 문자기호로 되었다.

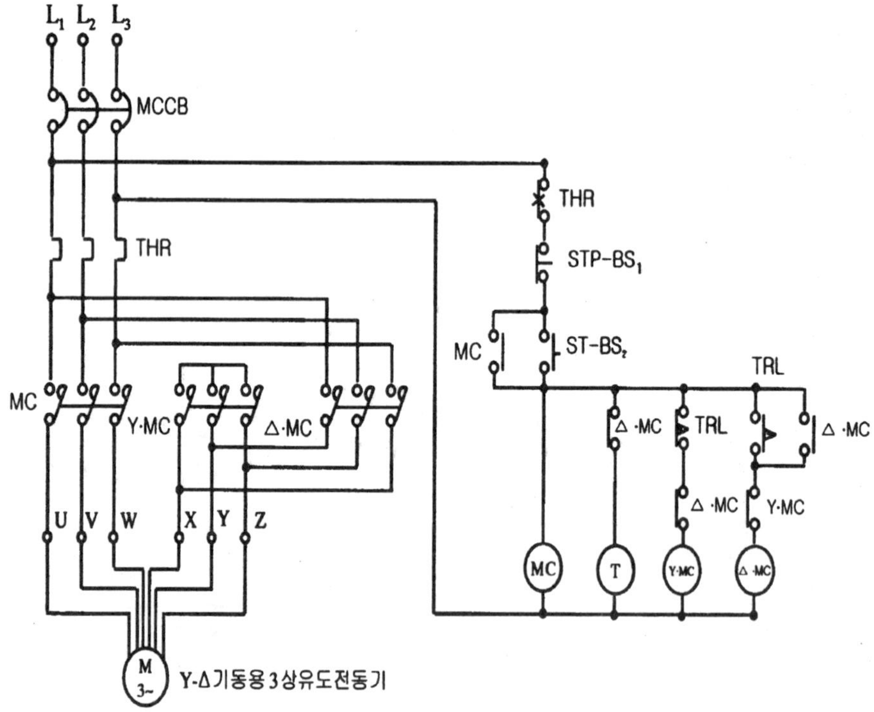

그림3-38 계열1에 의한 자동 Y-Δ기동회로의 전개접속도

종래 사용되던 숫자기호는 전력용 설비에서 사용되어져 왔으며, 그 역사도 길다.

그러나 원칙적으로 전력용을 제외하고 그 밖의 일반산업에 사용되는 시퀀스제어기호는 1970년에 제정된 새로운 시퀀스제어 기호에 의해야 한다.

문자기호에는 기기 또는 장치를 표시하는 기기기호와 기기 또는 장치가 하는 기능 등을 표시하는 기능기호의 두 가지가 있는데, 이 양자를 조합해서 사용할 때는 기능기호, 기기 기호의 순서로 그리고 원칙으로 그 사이에 “-”(하이픈)을 넣는다. 구체적인 전개접속도를 그림3-37과 그림3-38에 표시하였다.

시퀀스제어기호가 제정되기까지는 기기나 장치의 구성을 표시하는 자동제어 기구 번호가 사용되었다.

자동제어기구번호의 역사는 오래인데, 1938년에 제정하여 이것을 사용하였다. 이 표준 규격은 전기설비의 자동제어장치에 대해서 1~99의 숫자를 주체로 한 기구번호와 기구의 종류, 성질 또는 원리를 표시하는 알파벳 문자에 의한 보조부호의 조합으로 표시되고 있다. 이들 중에서 대표적인 것을 표3-1에 표시하였다.

표3-1 자동제어번호표(JEM 1090에서 선별)

기구 번호	품 구 명 칭	설 명
1	주제어 개폐기 또는 계전기	주요 기기의 시동, 정지를 개시하는 것
2	시동 또는 폐로 시연 계전기	시동 또는 개시 전에 시간 여유를 주는 것
3	조작 개폐기	기기를 조작하는 것
4	주제어회로용 접촉기 또는 계전기	주제어회로의 개폐를 하는 것
5	정지개폐기 또는 계전기	기기를 정지하는 것
6	기동차단기, 접촉기 또는 개폐기	기계를 기동회로에 접속하는 것
11	시험개폐기	기기의 동작을 시험하는 것
19	기동·운전 교류접촉기 또는 계전기	기기를 기동해서 운전으로 교체하는 것
23	온도조정 계전기	온도를 일정한 범위로 유지하는 것
30	기기 상태 또는 고장 표시 장치	기기의 동작 상태 또는 고장을 표시하는 것
33	위치 개폐기	위치와 관련해서 개폐하는 것
42	운전차단기, 접촉기 또는 개폐기	기계를 운전회로에 접속하는 것
43	제어회로교류접촉기, 개폐기 또는 계전기	자동에서 수동으로 옮기는 등과 같이 제어회로를 교체하는 것
44	역상 또는 상 불평형 전류계전기	역상 또는 상 불평형 전류로 동작하는 것
47	결상 또는 역상 전압계전기	결상 또는 역상전압일 때 동작하는 것
49	회전기 온도계전기	회전기의 온도가 예정치 이상 또는 이하로 동작하는 것
52	교류차단기 또는 접촉기	교류회로를 개폐하는 것
62	정지 또는 개로 시연 계전기	정지 또는 개로 전에 시간여유를 주는 것
63	압력계전기	유체 압력에 의해 동작하는 것
64	접지계전기	기기접지회로에 삽입하여 접지고장전류 또는 전압에 의해 동작하는 것
72	직류차단기 또는 접촉기	직류회로를 개폐하는 것
75	제동장치	기계를 제동하는 것
88	보기용 접촉기 또는 개폐기	보기(전동송풍기, 전열기 등) 의 운전용 접촉기 또는 개폐기
89	단로기	직류 또는 교류회로용 단로기

표3-2 일본공업규격과 전기공업회 표준규격관계

명 칭 (JIS C 0301)	심 벌 (JIS C 0301)	문자기호 (JIS C 0401)	심 벌 (JIS C 0301,JEM 1090)	기구번호 (JEM 1090)	문자기호 (JEM 1115)
나이프스위치 (커버있는 나이프스위치)	KS	KS(개방나이프 스위치는 폐지)	89	89(단로기)	KS(나이프스위치) CKS(커버있는 나이프스위치)
배선용차단기	MCCB	MCCB		—	MCCB
퓨 즈	(개방) F (포장) F	F	F F	—	F
푸시버튼스위치	ST-BS STP-BS	BS	PB (ON) PB (OFF)	—	BS
전자접촉기	MC	MC	52	6(기동차단기, 접촉기 또는 개폐기) 52(교류차단기 또는 개폐기)	MC
동상용전자코일	MC		52		(전자석 동작에 의해 부하전로를 빈번히 개폐한다.)
보조계전기코일	AUX-R	R(계전기) AUX-R (보조계전기)	88	88(보기용 접촉기 또는 개폐기)	AXR
시연계전기 및 시한동작접점	TLR TLR	TLR	2 2 2	2	TLR
열동과전류 계전기의 히터	THR	THR (열동계전기)	49	49	THR (열동계전기)
표 시 등	SL RL RL: 적색 BL: 청색 GL: 녹색 YL: 황색 OL: 황적색 WL: 백색	SL	RL	—	SL
단 자 대	TB(반내)	TB	(반내)	—	TB
압력스위치	PRS	PRS	63	63(압력계전기)	PRS
리미트 스위치	LS	LS	33	33(위치개폐기 또는 위치 검출장치)	LS
교체개폐기	COS	COS	43	43(제어회로 교체 접촉기, 개폐기 또는 계전기)	COS
제어기 점검 (드럼형 또는 캠형)	1 2	CTR(제어기)	CS	—	CS(조작용 제어 스위치)

일반 산업용 기기의 시퀀스도를 그리는데는 JIS C 0301 및 0401을 사용한다. 공업규격에서는 전기계통의 구성이나 동작 및 기기나 장치의 기능을 표시하는데 그림기호와 문자기호를 사용해서 표시하고 있다.

특히 문자기호는 이것에 대응하는 로마자의 대문자를 조합해서 표시되고 있다. 따라서 기기기구 및 그들의 기능을 아는데 매우 편리하다.

이와 같이 공업규격으로 그려진 시퀀스도가 많아졌다. 그러나 JIS C 0401이 제정된 것이 아직 얼마 되지 않으므로, 예로부터 사용되고, 그 역사도 긴 JEM이 현재도 많이 사용되고 있다. 따라서 시퀀스도를 해석하데는 JIS 및 JEM을 알아야 한다.

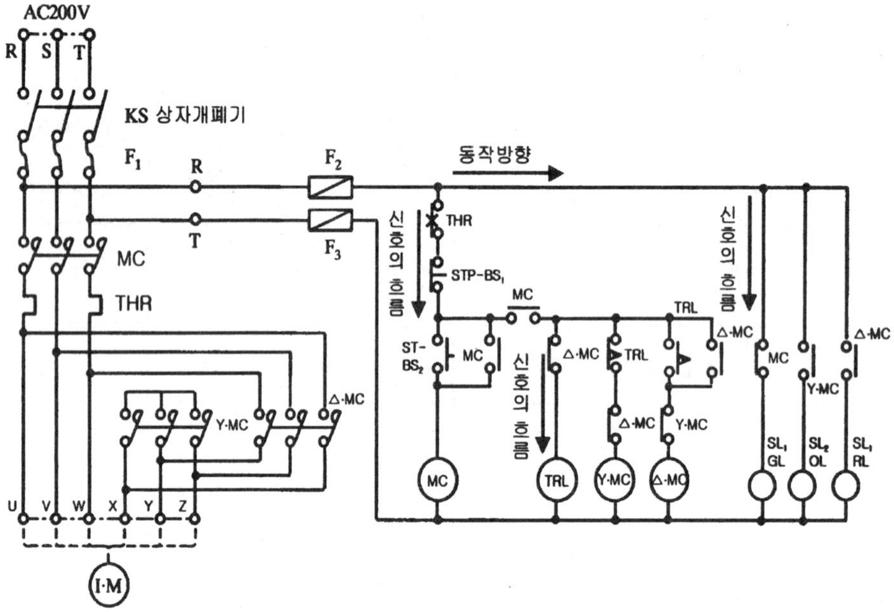

그림3-39 세로 그리기 시퀀스도의 신호의 흐름

특히 JIS는 1979년 GATT(관세와 무역에 관한 일반협정)에 조인함에 따라 그때까지 사용하고 있던 전기용 그림기호 및 시퀀스제어용 그림 기호를 국제규격에 접합시킬 필요가 생김에 따라 이들에 관련되는 규격의 재

검토가 행해져 전기용 그림기호 및 시퀀스제어기호가 1982년 2월 1일 개정되었다.

[실험 방법]

3상 유도전동기의 Y-Δ기동회로

1.3상 유도전동기를 기동시키는 방법으로 앞 장을 참고한다.

2.그림3-40에서와 같이 3상 유도 전동기의 Y-Δ기동회로를 구성하도록 하라.

3.주 회로의 전원 전압은 3상 유도 전동기의 정격전압으로 하고 제어회로에는 반드시 휴즈나 차단기를 설치하여 회로를 보호하여야 한다

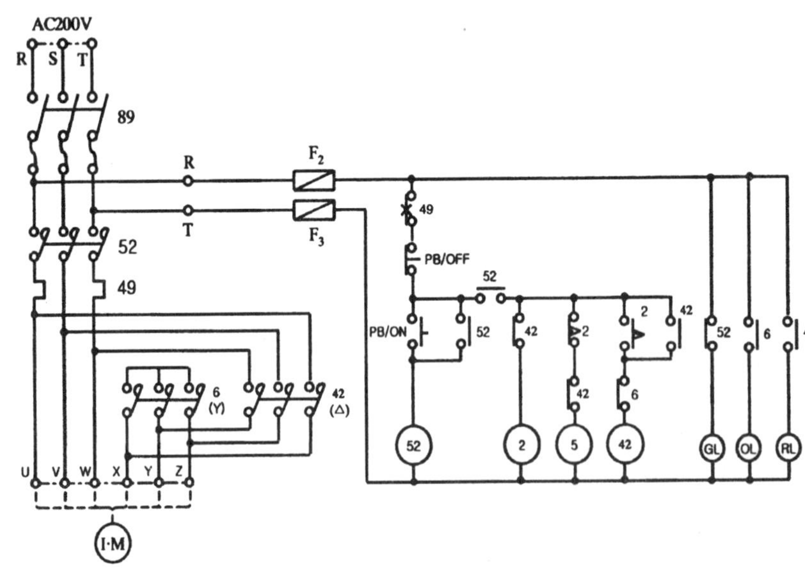

그림3-40 3상 유도전동기 Y-Δ기동회로

4.주 회로를 구성할 때에는 전자접촉기 52와 6(Y), 그리고 42(Δ)이용하도록 한다.

5.보조회로를 구성할 때에는 전자접촉기의 보조회로(좌, 우측 접점)를 이용하도록 한다.

6.회로가 구성이 되었다면 회로를 점검하고 전원을 투입하라.

7.전원이 투입됨과 동시에 GL이 점등되었는데 그 이유를 기록 하라

8.이때 PB/ON을 누르면 어떠한 동작이 일어나는지 기록하라.

9.PB/ON을 누르면 전자접촉기____와 ____이 동작을 하면서 3상 유도전동기는 Y로 기동하고, 일정시간이 지난 후 타이머____번에 의해 전자접촉기____이 개방되고 ____이 동작하면서 Δ로 운전된다.

10.이때 LAMP____이 소등되며, LAMP____이 점등 되었다가 일정 시간 후 소등되며 LAMP____이 점등 된다. 이는 무슨 의미인가?

이상의 실험에서 보았던 것처럼 보조회로의 접점을 이용하여 전자접촉기를 제어하고 전자접촉기의 주 회로를 이용하여 3상 유도 전동기를 Y로 기동 하고 Δ로 운전 할 수 있다는 것을 알 수 있었을 것이다.

[실험 고찰]

- 시 퀀 스 부 록 -

부록해설

A-1 교류의 전력과 전류대조표

전력 P[kw]는 100%로 보고 3선식을 기준으로 하여 단상과 3상의 전력을 비교하였으며, 전압의 크기가 크고, 상의 수가 단상에서 3상으로 갈수록, 전력에 대하여 전류가 낮아지는 것을 도표로 정리함.

A-2 600[V] 비닐절연전선 [IV]의 허용전류

도체의 단면적 mm 또는 ㎟와 동선을 기준으로 표를 제작하였으며, 단면적란에 표기된 1.25㎟~500㎟까지의 전선이 현재 생산되고 있는 전선의 치수이므로 숙지해두면 전선의 선정에 도움이 될 것이며, 허용전류 란에서 보면 애지 사용 배선을 1로 보고 기준으로 하여 금속관과 합성수지관의 허용전류를 표기하였는데, 관내의 전선의 수량이 증가할 수록 전류치(1가닥 기준)가 감소하는 것을 알 수 있을 것이다. 배전 작업시 활용하도록 도표를 정리함.

A-3 3,300[V] 선로의 3상 부하에 대한 계기 계측전류 산정표

3상의 전력P를 100%로 하고 3,300[V] 선로의 전압에 대하여 부하 전류를 표기하고 전류계 스케일은 전류계에 표기된 [A]를 나타냈으며 예를 들면 10(30-20)라고 표기된 것은 전등을 부하로 사용할 시에는 10[A]의 계측기를 유도부하 등에는 30[A]~20[A] 사이의 계측기를 선정하라는 의미이다. (　)안의 스케일은 부하에 따라서 다르게 선정하도록 하며 전력계 스케일은 현재 양산되고 있는 스케일에 근사치를 선정했으며, 한류비를 나타낸 것은 C.T의 선정을 의미하는데 관통수를 1회로 보고 선정한 것이다. 전력배선 공사 시에 활용하도록 도표를 정리함.

A-4 6,600[V] 선로의 3상부하에 대한 계기 계측전류 산정표

A-3의 내용과 동일

A-5 22,900[V] 선로 3상부하에 대한 계기, 계측 전류 산정표

A-3의 내용과 동일

A-6 저항 용접기 및 아크 용접기에 공급하는 분기회로 간선개폐기 및 과전류 차단기의 정격(예시)

전선의 굵기 및 전자개폐기 과전류차단기의 정격은 1대의 경우에는 최대 입력 전류의 70%를 기준으로 표가 작성이 되었으며, 1차 배선의 최소 굵기는 용접기에 이르는 1차 전원선의 굵기를 표기한 것이며, 전자개폐기의 정격을 전격 방지용 개폐기를 의미하며, 과전류 차단기 및 퓨즈 등은 본선에서 분기된 간선에 용접기 전용으로 시설을 해야 하고, 본 표는 고정된 용접시설을 할 경우에 참고하도록 표를 정리함.

B-1 유도 전동기의 기동 계급을 표시하는 표(KSC 4205)

기동 계급이라고 칭하는 것은 유도 전동기의 특성과도 비교가 되며, A급부터 V급까지 구분이 되는데 1[KW]당 입력을 [KVA] 즉 100%로 계산하여 선정했으며, 전동기의 기동장치를 구성하고자 할 때 사용하도록 표를 정리함.

B-2 3상 농형 전동기의 규약 전류치

3상 유도전동기의 출력에 대하여 전류치를 산정하여 정리한 것으로 전선을 선정할 경우 참고하도록 하며, 전선을 선정 할 경우 배선의 방법과 전류감소계수를 필히 계산하도록 한다.

B-3 단상 유도 전동기의 규약전류

표B-2 내용과 동일

B-4 3,000[V] 3상 유도 전동기의 규약전류

표B-2 내용과 동일

B-5 직류 전동기의 규약전류

표B-2 내용과 동일

B-6 사용하는 회로의 표준전압이 상기 표의 정격과 다른 경우

부록B-5에 사용되는 전압이 실제 사용되는 전압과 다를 경우 규약 전류에 곱할 계수를 대입하여 새로 계산하도록 하는데 사용표준전압을 기준으로 하여 계수를 곱하여 정의한다.

B-7 단상 유도 전동기의 전부하 특성 및 기동 전류표(KSC 4204)

분상 및 콘덴서 유도전동기에 대하여 효율과 역률, 전류에 대하여 기동전류치를 정리해 놓았는데, 기동전류는 각 정격출력에 대하여 최대치를 표시하였는데, 여러 대를 동시에 기동할 경우 차단기 및 열동부하계전기 등에 문제를 발생시킬 수 있으므로 설계시 참고한다.

1) 실험 실습의 정의와 목적

실험이란, 과학적인 연구 방법의 하나로 대상에 처치(treatment)를 가하여 인위적인 조건하에서 어떤 현상을 관찰하는 방법이라고 정의한다. 또한, 실험은 실험 목적에 따라 몇 가지로 구분할 수 있는데 내용은 다음과 같다.

①연구개발을 위하여 미지의 분야에 속하는 문제의 해결을 위한 실험
②기존지식을 적용함으로써 현재의 관례/사례를 개선하기 위한 실험
③어떠한 사실 또는 원리를 완전히 이해할 수 있도록 하기 위해서 이미 정의되어진 현상을 실험을 통하여 완전히 이해할 수 있도록

하는 실험

우리의 실험목적은 세번째의 목적을 두고 계속적이고 반복적으로 실행함으로써 기술과 원리를 이해하고 첫번째와 두번째의 과정에 돌입하기 위한 기본 발판이라 할 수 있겠다.

실험에 임하기 위해서는 그 실험의 목적과 이론적인 배경을 완전히 이해하도록 하여야 하며, 실험 중에 발생하는 현상을 주의 깊게 관찰하고 기록하여 이해하는 습관을 가짐에 따라서 더욱 발전적인 실험이 될 것이다. 실험 중에는 특히 위험 요소를 미리 예지하고 방지하여 인적, 물적 손실을 예방하는 데도 주의를 기울여야 할 것이다.

2) 안전 교육

안전교육이란, 실험을 안전하게 하고 안전에 관한 제반규칙을 어기지 말도록 교육하는 것이라고 정의할 수 있다. 안전에 대한 지식과 기술태도도 다른 기술과 마찬가지로 가르치고 배워야 하며 또한 이해 하고 준수하며 연습을 통해서만 행동으로 나타날 수 있게 된다.

실험에 사용되는 전원은 저전압, 소전류상태로 사용되고 있지만 산업체에서는 대전압, 대전류상태로 사용되므로 실험 중에 안전을 소홀히 한다면 큰 위험을 초래하는 원인을 제공할 수 있기 때문에 안전에 대한 평소의 예지와 습관을 올바르게 익힘으로써 안전하게 전기를 취급하고 공급하게 될 것이다.

3) 전기 안전 사고

전기의 안전사고는 크게 감전에 의한 사고로 정의될 수 있다. 감전은 전격이라고도 하며 그 위험도는 전류의 양, 전원의 종류, 전격시간, 인체통전경로, 인체의 조건에 따라 그 강도가 정해질 수 있으며 원인으로는 활선의 접촉, 누전기구류의 접촉을 들 수 있으며, 수중, 습지 등에서 몸 전체에 통전될 수 있으므로 특히 주의하여야 한다.

1 [㎃] : 전기를 느낄 정도
5 [㎃] : 상당한 통감

10 [mA] : 견디기 어려울 정도의 고통
20 [mA] : 근육의 수축및 의사 소통 불능
50 [mA] : 위험 상태
100 [mA] : 치명적인 결과 초래

위의 수치는 대략적인 수치이며 연령, 성별, 체질, 건강상태 등에 따라서 다를 수도 있으며, 감전 시간이 상당히 짧다면 큰 전류라도 생명을 구제 받을 수도 있으며, 치사전류는 1[sec]당 165[mA]가 한계이지만 0.1[sec]이면 500[mA] 정도가 한계 치가 될 수 있다.

4) 전기안전사고 방지대책

전기안전사고의 원인은 전기기구 및 기계의 충전 부분의 노출, 전기 배선의 절연불량, 전기시설의 결함, 작업방법의 미숙 및 동력선 취급 부주의에 의한 접촉 등을 들 수 있다.

감전사고의 대책은 전기설비의 철저한 점검, 전기 기기 및 장비의 정비, 작업자 안전교육, 기계기구의 안전표시, 절연 보호구 착용, 취급자 및 허가자 이외의 기계기구에 촉수를 엄히 금함으로써 예방할 수 있을 것이다. 그리고 제어반 등을 수리하거나 점검할 경우에도 전원 투입을 금한다는 안전표지 등을 반드시 부착하고 그 내용은 어느 계통의 이상으로 언제부터 언제까지 작업을 시행하고 작업자는 누구이며, 연락처 등을 기록해 두는 것이 좋다.

그 밖에 실험에 임하기 전에 장비의 안전 유무를 점검하고 정리, 정돈이 잘된 상태에서 실험에 임하고 안전 장치를 함부로 만지지 말고 실험에는 가능한 한 손으로 할 수 있도록 한다.

바닥이 젖어 있을 경우에 실험에 임해서는 안되며 실험 중에는 서두르거나 대화를 금하고 전원을 조작하는 1명을 배치하여 오 동작을 예방하는 것도 안전 수칙이 될 것이다.

표A-1 교류의 전력과 전류대조표

전력 [Kw]	100V 1φ3W	220V 1φ3W	200V 3φ3W	240V 1φ2W	400V 3φ3W	3000V 3φ3W	6000V 3φ3W
	전류[A]						
1	10	5	2.89	4.16	1.44	0.192	0.096
2	20	10	5.77	8.33	2.88	0.385	0.192
3	30	15	8.66	12.50	4.33	0.577	0.289
4	40	20	11.50	16.70	5.77	0.770	0.385
5	50	25	14.40	20.80	7.21	0.962	0.481
6	60	30	17.30	25.00	8.66	1.150	0.577
7	70	35	20.20	29.20	10.10	1.350	0.673
8	80	40	23.10	33.30	11.50	1.540	0.770
9	90	45	26.00	37.50	13.00	1.730	0.866
10	100	50	28.90	41.60	14.40	1.920	0.962
12	120	60	34.60	50.00	17.30	2.310	1.150
14	140	70	40.40	58.30	20.20	2.690	1.350
15	150	75	43.30	62.50	21.60	2.890	1.440
16	160	80	46.20	66.60	23.10	3.080	1.540
18	180	90	52.00	75.00	26.00	3.460	1.730
20	200	100	57.70	83.30	28.80	3.850	1.920
25	250	125	72.20	104.00	36.10	4.810	2.410
30	300	150	86.60	125.00	43.30	5.770	2.890
35	350	175	101.00	146.00	50.50	6.730	3.730
40	400	200	115.00	167.00	57.70	7.700	3.850
45	450	225	130.00	187.00	65.00	8.660	4.330
50	500	250	144.00	208.00	72.10	9.620	4.810
60	600	300	173.00	250.00	86.60	11.500	5.770
70	700	350	202.00	292.00	101.00	13.500	6.730
80	800	400	231.00	333.00	115.00	15.400	7.700
90	900	450	260.00	375.00	130.00	17.300	8.660
100	1000	500	289.00	416.00	144.00	19.200	9.620

1)이 표는 평형부하로서 역률1 일 때이므로 역률이 1이 아닐때는 이 전류값을 역률로 나눈값을 취한다.

2)동일 전기 방식에서 전압이 2배이면, 일정한 전력일 때의 전류는 1/2로 한다.

표A-2 600[V] 비닐절연전선[IV]의 허용전류

도체			허용 전류[A]							마무리외경	중량 Kg/Km	단위길이 m	하조형태
경(mm) 또는 조성	단면적 mm^2	저항 20℃ [Ω/Km]	애자사용배선	금속관내의 전선본체				합성 수지					
				3 이하	4	5-6	7	3	4				
1.6	2.011	9.09	27	19	17	15	13	16	14	3.2	26	300	묶음
2.0	3.142	5.71	35	24	22	19	17	21	18	3.6	38	〃	〃
7/0.45	1.25	16.30	19	13	12	10	9	11	10	3.0	18	300	묶음
7/0.60	2.00	9.07	27	19	17	15	13	16	14	3.4	28	〃	〃
7/0.80	3.50	5.10	37	26	23	20	18	22	19	4.0	44	〃	〃
7/1.00	5.50	3.26	49	34	31	27	24	29	26	5.0	69	〃	〃
7/1.20	8.00	2.27	61	43	38	34	30	36	32	6.0	101	〃	〃
7/1.6	14	1.270	88	62	55	49	43	54	46	7.6	170	〃	〃
7/2.0	22	0.808	115	81	72	64	56	69	61	9.2	261	200	〃
7/2.3	30	0.611	139	97	87	78	68	83	73	10.1	333	100	〃
7/2.6	38	0.478	162	113	102	91	79	97	86	11.4	428	〃	〃
19/1.8	50	0.371	190	133	120	106	93	114	100	12.6	536	300	드럼
19/2.0	60	0.298	217	152	137	122	106	130	115	13.6	648	〃	〃
19/2.3	80	0.225	252	180	167	144	126	154	136	15.5	849	〃	〃
19/2.6	100	0.176	298	208	188	167	146	179	158	17.0	1070	〃	〃
19/2.9	125	0.142	344	240	216	192	168	206	182	18.9	1300	〃	〃
37/2.3	150	0.166	396	276	249	221	192	237	219	20.5	1600	〃	〃
37/2.6	200	0.0904	469	328	295	263	230	281	248	23.0	2020	〃	〃
61/2.3	250	0.0708	556	389	350	331	272	333	294	25.6	2580	200	〃
61/2.6	325	0.0554	650	456	410	364	318	390	244	28.6	3280	〃	〃
61/2.9	400	0.0445	745	520	470	417	356	446	395	31.3	4040	〃	〃
61/3.2	500	0.0366	842	590	530	472	412	506	466	34.4	4910	〃	〃

1)알루미늄의 허용전류는 본 표의 약 78%이다.

2)이중금속제의 가요 전선관 사용시에는 합성수지관의 항을 적용한다.

3)본 표는 주위온도 30℃, 전체온도 60℃일때 허용온도를 명시하고있다.

표B-3 3,300V선로의 3상 부하에 대한 계기, 계측전류 산정표

3상 부하 KVA[KW]	부하 전류 [A]	전류계 스케일 [A]	전력계 스케일 [KW]	한류비 1차/2차[A]	차단기 정격 전류
50	8.8	10(30 - 20)	75	10/ 5	400
75	13.1	15(40 - 30)	90	15/ 5	400
100	17.5	20(50 - 40)	120	20/ 5	400
150	26.2	30(75 - 75)	180	30/ 5	400
200	35.0	40(100 - 75)	250	40/ 5	400
225	39.5	50	300	50/ 5	400
250	48.3	50(100 - 100)	300	50/ 5	400
300	52.5	75(150 - 100)	400	75/ 5	400
400	70.0	75(200 - 150)	450	75/ 5	400
450	78.8	100	600	100/ 5	400
500	87.5	100(200 - 200)	600	100/ 5	400
600	105.0	150(300 - 200)	800	150/ 5	400
750	131.0	150(300 - 300)	900	150/ 5	400
900	157.0	200	1,200	200/ 5	400
1,000	175.0	200	1,200	200/ 5	400
1,200	210.0	250	1,500	250/ 5	400
1,500	263.0	300	2,000	300/ 5	400
2,000	350.0	400	2,500	400/ 5	600
2,250	395.0	500	3,000	500/ 5	600
3,000	525.0	600	4,000	600/ 5	800
4,000	700.0	800	5,000	800/ 5	1,200
5,000	875.0	1,000	6,000	1,000/ 5	1,500
6,000	1,050.0	1,200	7,500	1,200/ 5	1,500
7,500	1,310.0	1,500	9,000	1,500/ 5	2,000
9,000	1,570.0	2,000	12,000	2,000/ 5	3,000

표B-4 6,600V선로 3상부하에 대한 계기, 계측전류 산정표

3상 부하 KVA(KW)	부하 전류 [A]	전류계 스케일 [A]	전력계 스케일[KW]	한류비 1차/2차[A]	차단기 정격전류
50	1.3	5(5 - 5)	75	5/ 5	600
75	1.9	5(5 - 5)	90	5/ 5	600
100	2.5	5(10 - 5)	120	5/ 5	600
150	3.8	5(10 - 10)	180	5/ 5	690
200	5.1	10(15 - 10)	250	10/ 5	600
225	5.7	10(15 - 15)	300	10/ 5	600
250	6.3	10(20 - 15)	300	10/ 5	600
300	7.6	10(20 - 15)	400	10/ 5	690
400	10.1	15(30 - 20)	450	15/ 5	600
450	11.3	15(40 - 30)	600	15/ 5	600
500	12.6	15(40 - 30)	600	15/ 5	600
600	15.1	20(50 - 30)	800	20/ 5	600
750	18.9	20(75 - 40)	900	20/ 5	600
900	22.7	20(75 - 50)	1,200	30/ 5	600
1,000	25.2	30	1,200	30/ 5	600
1,200	30.3	40	1,500	40/ 5	600
1,500	37.8	50	2,000	50/ 5	600
2,000	50.4	75	2,500	75/ 5	600
2,250	56.7	75	3,000	75/ 5	600
3,000	75.6	100	4,000	100/ 5	600
4,000	100.9	150	5,000	150/ 5	600
5,000	126.1	150	6,000	150/ 5	600
6,000	151.3	200	7,500	200/ 5	600
7,500	189.1	200	9,000	200/ 5	600
9,000	227.0	250	15,000	250/ 5	600

표B-5 22,900V선로 3상 부하에 대한 계기, 계측전류 산정표

3상 부하 KVA[KW]	부하 전류 [A]	전류계 스케일 [A]	전력계스케일 [KW]	한류비 1차/2차[A]	차단기 정격전류
50	1.3	5(5 - 5)	75	5/ 5	600
75	1.9	5(5 - 5)	90	5/ 5	600
100	2.5	5(10 - 5)	120	5/ 5	600
150	3.8	5(10 - 10)	180	5/ 5	690
200	5.1	10(15 - 10)	250	10/ 5	600
225	5.7	10(15 - 15)	300	10/ 5	600
250	6.3	10(20 - 15)	300	10/ 5	600
300	7.6	10(20 - 15)	400	10/ 5	690
400	10.1	15(30 - 20)	450	15/ 5	600
450	11.3	15(40 - 30)	600	15/ 5	600
500	12.6	15(40 - 30)	600	15/ 5	600
600	15.1	20(50 - 30)	800	20/ 5	600
750	18.9	20(75 - 40)	900	20/ 5	600
900	22.7	20(75 - 50)	1,200	30/ 5	600
1,000	25.2	30	1,200	30/ 5	600
1,200	30.3	40	1,500	40/ 5	600
1,500	37.8	50	2,000	50/ 5	600
2,000	50.4	75	2,500	75/ 5	600
2,250	56.7	75	3,000	75/ 5	600
3,000	75.6	100	4,000	100/ 5	600
4,000	100.9	150	5,000	150/ 5	600
5,000	126.1	150	6,000	150/ 5	600
6,000	151.3	200	7,500	200/ 5	600
7,500	189.1	200	9,000	200/ 5	600
9,000	227.0	250	15,000	250/ 5	600

표B-6 저항용접기 및 아크용접기에 공급하는 분기회로 및 간선의
전자개폐기 및 과전류 차단기의 정격(예시)

최대 입력 전류 [A]	최 대 입 력(KVA)					1차 배선의 최 소 굵 기		전 자 개폐기 의정격 [A]	과전류차단기의 정격[A]	
	단 상			3 상		애자 사용 배선 mm	금속관 배선등 (3체 이하)mm		퓨 즈	배 선 용 차단기
	100V급 이하	200V급 이하	400V급 이하	200V급 이하	400V급 이하					
15	1.5	3	6	5	10	1.6	1.6	15	15	20
20	2.0	4	8	7	14	1.6	1.6	30	20	20
30	3.0	6	12	10	21	1.6	2.0	30	20	30
40	4.0	8	16	14	28	2.0	2.6	30	30	30
50	5.0	10	20	17	35	2.0	8 mm^2	30	30	30
75	7.5	15	30	26	52	3.2	14	50	50	50
100	10.0	20	40	35	69	14mm^2	22	100	75	75
125	12.5	25	50	43	87	14	30	100	75	75
150	15.0	30	60	52	100	22	38	100	100	125
175	17.5	35	70	60	120	30	50	200	125	150
200	20.0	40	80	70	140	38	60	200	150	175
250	25.0	50	100	87	170	50	(125)80	200	150	200
300	30.0	60	120	100	210	60	(150)125	200	200	225

1)전선의 굵기 및 전자개폐기, 과전류차단기의 정격은 1대의 경우에서 최대입력전류의 70%(사용률 50%에 상당)에 대하여 계산되었다.
2)금속관배선 등의 열은 합성수지관, 가요전선관, 플로어덕트, 금속덕트 및 케이블의 각 배선에도 적용한다.
3)이 표의 퓨즈는 B종 퓨즈를 사용하는 경우를 표시한다.
4)전선은 동전선 사용을 표시한다. ( ) 내는 알루미늄 전선을 표시한다.

3상 유도전동기의 기동장치

1.정격출력이 200V급용은 3.7KW, 380V용은 7.5KW를 초과하는 3상 유도전동기는 기동장치를 사용하여 기동전류를 억제하여야 한다. 다만, 다음 각 호에 해당하는 경우에는 기동장치를 생략할 수 있다.

①특수 농형 전동기로서 정격출력이 200V급용은 11KW, 380V용은 22KW 미만의 것.
②특수 농형 전동기 정격출력이 200V급용은 11KW, 380V용은22KW. 이상은 것은 배선에 현저한 전압동요를 줄 우려가 없는 것.(일반적으로, 기동시 입력이 출력 1KW당 4.8KVA 미만의 것으로서 기동계급이 A또는 B의 것)

주)유도전동기의 기동계급이라 함은 기동장치를 사용하지 아니할 경우의 출력이 1KW당의 기동시 입력의 계급을 말하며, 출력KW당의 입력(KVA)에 따라 다음표의 기호로 표시한다.

③계약 수전 전력 80KW 이상의 수용장소에서 계약 수전전력(KW)의 1/10 이하 출력의 전동기(2대 이상을 동시에 기동하는 것은 그의 합계출력에 대하여 고려)를 사용할 경우
④기동장치의 설치가 기술적으로 곤란한 경우로서 다른 것에 지장을 초래하지 아니하도록 설치할 경우
2.전 항의 기동장치 중 Y-△기동의 배선은 해당전동기 분기회로선의 60% 이상의 허용전류를 가지는 전선을 사용하여야 한다.

표B-1 유도전동기의 기동계급을 표시하는 표(KSC 4205)

기동계급	1KW당입력[KVA]		기동계급	1KW당입력[KVA]	
A		4.2미만	L	12.1이상	13.4미만
B	4.2이상	4.8미만	M	13.4	15.0
C	4.8	5.4	N	15.0	16.8
D	5.4	6.0	P	16.8	18.8
E	6.0	6.7	R	18.8	21.5
F	6.7	7.5	S	21.5	24.1
G	7.5	8.4	T	24.1	26.8
H	8.4	9.5	U	26.8	30.0
J	9.5	10.7	V	30.0	0
K	10.7	12.1			

표B-2 3상 농형 유도전동기의 규약 전류치

출 력[KW]	규 약 전 류 [A]	
	200V용	400V용
0.20	1.8	0.9
0.40	3.2	1.6
0.75	4.8	2.4
1.50	8.0	4.0
2.20	11.1	5.5
3.70	17.4	8.7
5.50	26.0	13.0
7.50	34.0	17.0
11.00	48.0	24.0
15.00	65.0	32.0
18.50	79.0	39.0
22.00	93.0	46.0
30.00	125.0	62.0
45.00	160.0	80.0
55.00	190.0	95.0
	230.0	115.0
75.00	310.0	155.0
90.00	360.0	180.0
110.00	440.0	220.0
132.00	500.0	250.0

사용하는 회로의 표준전압이 110V 및 220V의 경우에는 100V 및 200V에 각각 × 0.9배.

표B-3 단상 유도전동기의 규약 전류치

출 력[KW]	규 약 전 류 [A]	
	100V용	200V용
0.035	2.2	1.1
0.065	3.0	1.5
0.100	5.1	2.5
0.200	7.2	3.6
0.400	11.1	5.5
0.750	17.7	8.8

사용하는 회로의 표준전압이 110V 및 220V의 경우에는 100V 및 200V에 각각 × 0.9배.

표B-4 3,000V 3상 농형 유도전동기의 규약 전류치

출　　력[KW]	45	55	75	90	110	132	160	200
규약 전류[A]	14.5	17.1	22.5	26.5	31.8	37.7	45.1	55.7

이 표의 값은 3,000V 경우의 것이며, 정격전압이 E(V)의 경우는 3000/E로 한다.

표B-5 직류전동기의 규약 전류치

출　력[KW]	규 약 전 류 [A]		
	110V용	220V용	440V용
0.18	2.2	1.6	2.0
0.25	4.0	2.0	-
0.37	5.5	2.8	-
0.55	7.8	3.9	2.0
0.75	10.0	5.0	2.5
1.10	14.0	7.0	3.5
1.50	18.8	9.4	4.7
2.20	26.6	13.3	6.7
3.70	43.0	21.5	10.8
5.50	62.0	31.0	15.5
7.50	84.0	42.0	21.0
11.00	122.0	61.0	30.5
15.00	164.0	82.0	41.0
18.50	0	100.0	50.0
22.00	236.0	118.0	59.0
30.00	326.0	160.0	80.0
37.00	392.0	196.0	98.0
45.00	472.0	236.0	118.0
55.00	572.0	286.0	143.0
75.00	-	384.0	192.0
90.00	-	460.0	230.0
110.00	-	560.0	280.0
150.00	-	760.0	380.0

표B-6 사용하는 회로의 표준전압이 상기 표의 정격과 다른 경우

사용 표준 전압[V]	100	115	200	230	400	500	500
계산이 기준이 되는 전 압[V]	110	110	220	220	440	440	440
상기준의 규약전류에 곱할 계수	1.1	0.957	1.1	1.1	1.1	0.88	0.88

표B-7 단상 유도전동기의 전부하 특성 및 기동 전류표(KSC4204)

종 류	정격출력 [KW]	극 수	회전속도 60 [HZ]	전 부 하 특 성 효율 [%]	역률 Pf [%]	전류 I[A]	기동전류 I st[A]	무부하 전류I_0[A]
분 상 기동형	0.1 0.2	4 4	1800 1800	40이상 49이상	47이상 54이상	5.1이하 7.2이하	28이하 33이하	4.6 6.7
콘덴서 기동형	0.1 0.2 0.4 0.75	4 4 4 4	1800 1800 1800 1800	40이상 49이상 57이상 63이상	47이상 54이상 60이상 65이상	5.1이하 7.2이하 11.1이하 16.5이하	35이하 32이하 37이하 60이하	4.6 6.7 9.6 13.5

1)이 표의 전부하 전류, 기동전류 및 무부하 전류의 값은 정격전압 100V인 것으로서 정격전압E(V)인 경우에는 100/E를 취한다. 다만, E는 110, 200, 220을 말한다.
2)이 표에 무시한 무부하 전류의 값은 참고하기 위하여 표시한 것으로, 이 규격의 일부는 아니다.

기기별 콘덴서 부설용량 기준

제32조 역율의 유지 및 콘덴서 부설

①수용가는 수용장소의 전체부하 역률을 90%이상으로 유지하여야 한다.
②수용가는 제①항의 기준 역률을 유지하기 위하여 수용가 부담으로 콘덴서를 부설하여야 한다.
③콘덴서는 개개의 전기 기기와 동시에 개폐되도록 부설하여야 한다.
④수용형태에 따라 설비의 부분별 또는 일괄하여 콘덴서를 부설하는 것이 기술적으로 타당하다고 인정할 경우에는 설비의 부분별 또는 일괄하여 콘덴서를 부설할 수 있다. 이 경우 야간 또는 경 부하시에 있어서 역률 조정이 가능하도록 부분 개방장치 등은 적당히 필요한 조치를 하여야 한다.

표C-1 3상 유도전동기의 콘덴서 부설 용량

출 력		부 설 용 량 (60Hz)					
		220V		380V		440V	
KW	HP	μF	KVAr	μF	KVAr	μF	KVAr
0.20	1/4	15	0.27				
0.40	1/2	20	0.36				
0.75	1.0	30	0.55			(5)	0.36
1.00	1.3	30	0.55			(7.5)	0.55
1.10	1.5	30	0.55			(7.5)	0.55
1.50	2.0	50	0.91	10	0.54	10	0.73
2.00	2.5	50	0.91			10	0.73
2.20	3.0	75	1.37	15	0.82	15	1.09
3.00	4.0	75	1.37			15	1.09
3.70	5.0	100	1.82	20	1.09	20	1.46
4.00	5.5	100	1.82			20	1.46
5.00	7.0	100	1.82			30	2.19
5.50	7.5	175	3.19	50	2.72	30	2.19
7.50	10.0	200	3.65	75	4.08	40	2.92
10.00	13.5	250	4.56			50	3.65
11.00	15.0	300	5.48	100	5.44	75	5.47
15.00	20.0	400	7.30	100	5.44	75	5.47
19.00	25.0	500	9.13			100	7.30
20.00	26.5	500	9.13			100	7.30
22.00	30.0	500	9.13	150	8.17	100	7.30
25.00	33.5	600	10.95			150	10.95
30.00	40.0	800	14.60	200	10.89	150	10.95
37.00	50.0	900	16.43	250	13.61	200	14.60
40.00	53.5	1,000	18.25			200	14.60
45.00	60.0	1,100	20.08			230	16.79
50.00	66.5	1,200	21.90			250	18.25
55.00	75.0	1,300	23.73			300	21.90

표C-2 전동기부하인 경우 콘덴서에 이르는 전선의 굵기

전동기의 정격출력 [KW]	본선에서 분기하여 콘덴서에 이르는 전선의 최소 굵기					
	단 상 2 선 식				3상 3선식	
	100V급		200V급		200V급	
	동 [mm]	알루미늄 [mm^2]	동 [mm]	알루미늄 [mm]	동 [mm]	알루미늄 [mm]
2.2 이하	3.2	14	2	2.6	1.6	(2.0)2.3
3.7	14mm^2	22	2.6	3.2	2.0	2.6
7.5	30	50	14mm^2	22mm^2	2.6	3.2
15	-	-	-	-	14mm^2	22mm^2
37 초과	-	-	-	-	22	38
37 초과	-	-	-	-	38	60

표C-3 유도전동기 부하의 콘덴서에 이르는 전선의 굵기

( ) 내는 경 알루미늄 전선을 표시함.

전동기의 정격 출력 [KW]	본선에서 분기하여 콘덴서에 이르는 전선의 최소 굵기	
	400V급 3상 3선식	
	동[mm]	알 루 미 늄[mm]
2.2 이하	1.6mm	(2.0) 2.3mm
3.7	1.6	(2.0) 2.3
7.5	2.0	2.6
15.0	2.6	3.2
37.0	$14mm^2$	$22mm^2$
55.0	14	22
75.0	22	38
110.0	30	50
150.0	50	80
220.0	80	125

표C-4 전동기 이외의 부하인 경우의 콘덴서에 이르는 전선의 굵기

부하용량 [KVA]	본 선에서 분기하여 콘덴서에 이르는 전선의 최소 굵기					
	단 상 2 선 극				3 상 3 선 극	
	100V급		200V급		200V급	
	동[mm]	알루미늄 [mm]	동[mm]	알루미늄 [mm]	동[mm]	알루미늄 [mm]
3이하	1.6	(2.0)2.3	1.6	(2.0)2.3	1.6	(2.0)2.3
5	2.0	2.6	1.6	(2.0)2.6	1.6	(2.0)2.3
10	2.6	3.2	2.0	2.6	1.6	(2.0)2.3
20	$14mm^2$	$22mm^2$	2.6	3.2	2.0	2.6
50	$38mm^2$	60	$14mm^2$	$22mm^3$	$14mm^2$	$22mm^2$
75	-	-	30	50	14	22
100	-	-	38	60	22	38
150	-	-	-	-	38	60
200	-	-	-	-	60	100
300	-	-	-	-	60	100

표C-5 전동기 외의 부하인 경우의 콘덴서에 이르는 전선의 굵기

◉ ( )내는 경 알루미늄 전선을 표시함.
◉ 지름 2.6mm 이상은 연선을 사용하는 것이 바람직하다.

부하 용량 [KVA]	본선에서 분기하여 콘덴서에 이르는 전선의 최소 굵기	
	400V급 3상 3선식	
	동[mm]	알 루 미 늄[mm]
30이하	1.6mm	(2.0)2.3
5	1.6	(2.0)2.3
10	1.6	(2.0)2.3
20	1.6	(2.0)2.3
50	2.0	2.6
75	3.2	14mm^2
100	14mm^2	22
150	14	22
200	22	38
300	38	60

표C-6 형광등의 콘덴서 용량

램 프 출 력 [W]	콘 덴 서 용 량 [μF]	
	100V	200V
10	3.5	
15	4.5	
20	5.5	
30	9.0	
40	14.0	3.5
60	17.0	4.5
80	25.0	5.5
100	30.0	7.0

표C-7 네온관등(1차 전압 100V의 경우)의 콘덴서 용량

변압기 2차 전압[V]	변압기 용량[VA]	콘덴서 용량[μF]
3,000	80	20
6,000	100	30
9,000	200	50
12,000	300	50
15,000	350	75

표C-8 단상 유도전동기의 콘덴서 용량

출 력		부 설 용 량 (60Hz)			
		110V		220V	
KW	HP	μF	KVAr	μF	KVAr
0.10	1/8	50	0.26	10	0.18
0.20	1/4	50	0.23	15	0.27
0.25		75	0.34	20	0.36
0.40	1/2	100	0.46	20	0.36
0.55		100	0.46	30	0.55
0.75	1	120	0.54	30	0.55
1.00		120	0.54	40	0.73

표C-9 200V 교류 Arc용접기의 콘덴서 용량

정격입력[KVA]	부 설 용 량 (60Hz)	
	μF	KVAr
1.0	50	0.75
2.0	75	1.13
3.0	100	1.51
5.0	150	2.26
7.5	250	3.77
10.0	300	4.52
15.0	450	6.79
20.0	600	9.05
25.0	700	10.56
30.0	900	13.57
35.0	1,000	15.08
40.0	1,100	16.59
45.0	1,300	19.60
50.0	1,450	21.87

교류저항용접기, 직류 Arc용접기에 대하여는 위의 표에 1/2용량을 허용한다.

표C-8 수은등의 콘덴서 용량

램 프 용 량 [W]	콘 덴 서 용 량 [㎌]	
	100V	200V
40 이하	20	4.5
60 이하	30	4.5
80 이하	30	4.5
100 이하	40	7.0
125 이하	50	9.0
200 이하	75	11.0
250 이하	75	14.0
300 이하	100	17.0
400 이하	130	20.0
700 이하	230	30.0
1,000 이하	350	50.0

표C-9 콘덴서 설치용량 산출표

	80	81	82	83	84	85	86	87	88	89	90	91	92	93	94	95	96
46	1.180	1.206	1.232	1.258	1.284	1.311	1.337	1.364	1.394	1.418	1.446	1.475	1.504	1.535	1.567	1.602	1.639
47	1.128	1.154	1.180	1.206	1.232	1.258	1.285	1.311	1.338	1.366	1.394	1.422	1.452	1.483	1.515	1.549	1.586
48	1.078	1.104	1.129	1.156	1.182	1.208	1.234	1.261	1.288	1.315	1.343	1.372	1.402	1.432	1.465	1.499	1.536
49	1.029	1.055	1.081	1.107	1.133	1.159	1.186	1.212	1.239	1.267	1.295	1.323	1.353	1.384	1.416	1.450	1.487
50	0.982	1.008	1.034	1.060	1.086	1.112	1.139	1.165	1.192	1.220	1.248	1.276	1.306	1.337	1.369	1.403	1.440
51	0.937	0.962	0.989	1.015	1.041	1.067	1.094	1.120	1.147	1.175	1.203	1.231	1.261	1.292	1.324	1.358	1.395
52	0.893	0.919	0.945	0.971	0.997	1.023	1.050	1.076	1.103	1.131	1.159	1.187	1.217	1.248	1.280	1.314	1.351
53	0.850	0.876	0.902	0.928	0.954	0.980	1.007	1.033	1.060	1.088	1.116	1.144	1.174	1.205	1.237	1.271	1.308
54	0.809	0.835	0.861	0.887	0.913	0.939	0.966	0.992	1.019	1.047	1.075	1.103	1.133	1.164	1.196	1.230	1.267
55	0.769	0.795	0.821	0.847	0.873	0.899	0.926	0.952	0.979	1.007	1.035	1.063	1.093	1.124	1.156	1.190	1.227
56	0.730	0.756	0.782	0.808	0.834	0.860	0.887	0.913	0.940	0.968	0.996	1.024	1.054	1.085	1.117	1.151	1.188
57	0.692	0.718	0.744	0.770	0.796	0.822	0.849	0.875	0.902	0.930	0.958	0.986	1.016	1.047	1.079	1.113	1.150
58	0.655	0.681	0.707	0.733	0.759	0.785	0.812	0.838	0.865	0.893	0.921	0.949	0.979	1.010	1.042	1.076	1.113
59	0.619	0.645	0.671	0.697	0.723	0.749	0.776	0.802	0.829	0.857	0.885	0.913	0.943	0.974	1.006	1.040	1.077
60	0.583	0.609	0.635	0.661	0.687	0.713	0.740	0.766	0.793	0.821	0.849	0.877	0.907	0.938	0.970	1.004	1.041
61	0.549	0.575	0.601	0.627	0.653	0.679	0.706	0.732	0.759	0.787	0.815	0.843	0.873	0.904	0.936	0.970	1.007
62	0.516	0.542	0.568	0.594	0.620	0.646	0.673	0.699	0.725	0.754	0.782	0.810	0.840	0.871	0.903	0.937	0.974
63	0.483	0.509	0.535	0.561	0.587	0.613	0.640	0.666	0.693	0.721	0.749	0.777	0.807	0.838	0.870	0.904	0.941
64	0.451	0.474	0.503	0.529	0.555	0.581	0.608	0.634	0.661	0.689	0.717	0.745	0.775	0.806	0.838	0.872	0.909
65	0.419	0.445	0.471	0.497	0.523	0.549	0.576	0.602	0.629	0.657	0.685	0.713	0.743	0.774	0.806	0.840	0.877
66	0.388	0.414	0.440	0.466	0.492	0.518	0.545	0.571	0.598	0.626	0.654	0.682	0.712	0.743	0.775	0.809	0.846
67	0.358	0.384	0.410	0.436	0.462	0.488	0.515	0.541	0.568	0.596	0.624	0.652	0.682	0.713	0.745	0.779	0.816
68	0.328	0.354	0.380	0.406	0.432	0.450	0.485	0.511	0.538	0.566	0.594	0.622	0.652	0.683	0.715	0.749	0.786
69	0.299	0.325	0.351	0.377	0.403	0.429	0.456	0.482	0.509	0.537	0.565	0.593	0.623	0.654	0.686	0.720	0.757
70	0.270	0.296	0.322	0.348	0.374	0.400	0.427	0.453	0.480	0.508	0.536	0.564	0.594	0.625	0.657	0.691	0.728
71	0.242	0.268	0.294	0.320	0.346	0.372	0.399	0.425	0.452	0.480	0.508	0.536	0.566	0.597	0.629	0.663	0.700
72	0.214	0.240	0.266	0.292	0.318	0.344	0.371	0.397	0.424	0.452	0.480	0.508	0.538	0.569	0.601	0.635	0.672
73	0.186	0.212	0.238	0.264	0.290	0.316	0.343	0.369	0.396	0.424	0.452	0.480	0.510	0.541	0.573	0.607	0.644
74	0.159	0.185	0.211	0.237	0.263	0.289	0.316	0.342	0.369	0.397	0.425	0.453	0.483	0.514	0.546	0.580	0.617
75	0.132	0.158	0.184	0.210	0.236	0.262	0.289	0.315	0.342	0.370	0.398	0.426	0.456	0.487	0.519	0.553	0.590
76	0.105	0.131	0.157	0.183	0.209	0.235	0.262	0.288	0.315	0.343	0.371	0.399	0.429	0.460	0.492	0.526	0.563
77	0.079	0.105	0.131	0.157	0.183	0.209	0.236	0.262	0.289	0.317	0.345	0.373	0.403	0.434	0.466	0.500	0.537
78	0.052	0.078	0.104	0.130	0.156	0.182	0.209	0.235	0.262	0.290	0.318	0.346	0.376	0.407	0.439	0.473	0.510
79	0.026	0.052	0.078	0.104	0.130	0.156	0.183	0.209	0.236	0.264	0.292	0.320	0.350	0.381	0.413	0.447	0.484
80	0.000	0.026	0.052	0.078	0.104	0.130	0.157	0.183	0.210	0.238	0.266	0.294	0.324	0.355	0.387	0.421	0.458
81		0.000	0.026	0.052	0.078	0.104	0.131	0.157	0.184	0.212	0.240	0.286	0.298	0.329	0.361	0.395	0.432
82			0.000	0.026	0.052	0.078	0.105	0.131	0.158	0.186	0.214	0.242	0.272	0.303	0.335	0.369	0.406
83				0.000	0.026	0.052	0.079	0.105	0.132	0.160	0.188	0.216	0.246	0.277	0.309	0.343	0.380
84					0.000	0.026	0.053	0.079	0.106	0.134	0.162	0.190	0.220	0.251	0.283	0.317	0.354
85						0.000	0.027	0.053	0.080	0.108	0.136	0.164	0.194	0.225	0.257	0.291	0.328
86							0.000	0.026	0.053	0.081	0.109	0.137	0.167	0.198	0.230	0.264	0.301
87								0.000	0.027	0.055	0.083	0.111	0.141	0.172	0.204	0.238	0.275
88									0.000	0.028	0.056	0.084	0.114	0.145	0.177	0.211	0.248
89										0.000	0.028	0.056	0.086	0.117	0.149	0.183	0.220
90											0.000	0.028	0.058	0.089	0.121	0.155	0.192
91												0.000	0.030	0.061	0.093	0.127	0.164
92													0.000	0.031	0.063	0.097	0.134
93														0.000	0.032	0.066	0.103
94															0.000	0.034	0.071
95																0.000	0.037
96																	0.000

표D-1 시퀀스 제어 기호

문자기호	용어	문자기호에 대응하는 외국어
A		
A	전류계	Ammeter
A	가속 - 중속	Accelerating
A	정상 출력	
ABB	공기 차단기	Airblast Circuit Breaker
ACB	기중 차단기	Air Circuit Breaker
AMP	증폭기	Amplifier
AN	어난시스에이터	Annunciator
AND	논리적	And
AS	전류계전환스위	Ammeter Change-over Switch
AUT	자 동	Automatic
AUX	보 조	Auxiliary
B		
B	전지	Battery
B	제동	Braking
B	역상출력	-
BC	충전기	Battery Charger
BC	이진 카운터	Binary Counter
BCT	부싱 변류기	Bushing Current Transformer
BL	벨	Bell
BL	송풍기	Blower
BR	평형 계전기	Balance Relay
BS	버튼 스위치	Button Switch
BST	승압기	Booster
BW	후 방향(뒤로)	Backward
BZ	부져	Buzzer
C		
C	콘덴서	Condenser, Capacitor
C	제어	Control
CB	차단기	Circuit Breaker
CC	페로코일	Closing Coil
CH	케이블 헤드	Cable Head
CL	닫다	Close
CLR	한류저항기	Current-limiting Resistor
CLR	한류계전기	Current-Limiting Relay
CLX	한류리액터	Current-limiting Reactor
CO	전환	Change-over
COS	전환스위치	Change-over Switch
CR	전류계전기	Current Relay
CRL	미속	Crawling
CS	제어스위치	Control Switch
CST	코우스팅	Coasting
CT	변류기	Current Transformer
CTR	제어기	Controller
D		
D	하강 - 아래로	Down, Lower
DB	발전제동	Dynamic Braking
DBR	제동저항기	Dynamic Braking Resistor
DE	감속	Decelerating
DEC	감소	Decrease
DFR	차동계전기	Differential Relay
DL	더미부하	Dummy Load
DR	방전 저항기	Discharing Resistor
DS	단로기	Disconnecting Switch
E		
EB	전기 제동	Electric Braking
EL	지락표시등	Earth Lamp
EM	비상	Emergency
EMS	비상스위치	Emergency Switch
ET	접지단자	Earth Terminal
EX	여자기	Exciter
F		
F	퓨우즈	Fuse
F	주파수계	Frequency Meter
F	정(정방향)	Forward
F	중간 입출력	-
FC	주파수 변환기	Frequency Changer, Frequency Converter
FCB	계자 차단기	Field Circuit Breaker
FCR	플릭스 계전기	Flicker Relay
FF	플립플롭	Flip Flop
FI	고장표시등	Fault Indicator
FL	유량계	Flow Meter
FLR	흐름 계전기	Flow Relay
FLT	필터	Filter
FLTS	플로우트스위치	Float Switch
FR	주파수계전기	Frequency Relay
FRH	계자 조정기	Field Regulator Field Rheostat
FS	계자스위치	Field Switch
FTS	발딧음스위치	Foot Switch
FW	앞으로(정방향)	Forward
G		
G	발전기	Generator
GCB	가스차단기	Gas Circuit Breaker
GD	검류기	Ground Detector
GR	접지 저항기	Ground Resistor
GR	지락 계전기	Ground Relay
GT	접지 변압기	Ground Transformer
H		
H	히이터	Heater
H	높다	High
HC	유지코일	Holding Coil
HL	유지	Holding

문자기호	용어	문자기호에 대응하는 외국어	문자기호	용어	문자기호에 대응하는 외국어
HM	유지자석	Hoilding Magnet	MG	전동발전기	Motor-generator
HO	혼	Horn	MLV	멀티바이브레이터	Multi-vibrator
HRM	시간계	Hour Meter	MOV	전동밸브	Motor-operater Valve
HS	고속	High Speed	N		
HSCB	고속도 차단기	High-speed Circuit Breaker	N	회전속도계	Tachometer
I			NAND	난드	Nand
ICH	인칭	Inching	NGR	중성점접지저항기	Neutral Grounding Resistor
IL	조명등	Illuminating Lamp	NOR	노어	Nor
IL	인터록	Inter-Locking	NOT	논리부정	Not, Negation
IM	유도전동기	Induction Motor	O		
INC	증가	Increase	O	공통모선/중심선	-
INS	순시	Instant	OCB	기름 차단기	Oil Circuit Breaker
IR	유도전압조정기	Induction Voltage Regulator	OCR	과전류 계전기	Over Current Relay
J			OFF	개로, 열다	Open, off
J	죠깅	Jogging	ON	폐로, 닫다	Close, On
JK	절연입력	-	OP	열다	Open
K			OPC	코일 동작	Operating Coil
KR	유지 계전기	Keep Relay	OPM	조작용 전동기	Operating Motor
KS	나이프 스위치	Knife Switch	OPR	결상 계전기	Open-phase Relay
L			OR	논리합	Or
L	왼편	Left	ORM	복귀 기억	Off Return Momory
L	낮다	Low	OSR	과속도 계전기	Over-speed Relay
LDR	부하저항기	Loading Resistor	OSS	과속 스위치	Over-speed Switch
LFR	계자손실 계전기	Loss of Field Relay, Field Loss Relay	OTC	과전류트립코일	Overcurrent Trip Coil
LM	영 조정 입력	-	OVR	과전압 계전기	Overvoltage Relay
LO	록크 아웃	Lock-out	P		
LS	리밑 스위치	Limit Switch	P	플라깅	Plugging
LTT	부하 시스템 전환변압기	On-load Tap-changing Transformer	PCT	계기용변압변류기	Potential Current Transformer, Combined Voltage and Current Transformer
LVR	부하시 전압조정기	On-load Voltage Regulator	PF	전력퓨즈	Power Fuse
LVS	레벨 스위치	Level Switch	PF	역률계	Power-factor Meter
M			PG	압력계	Pressure Gauge
M	전동기	Motor	PHS	이상기	Phase Shifter
MA	수동	Manual	PI	위치 지시계	Position Indicator
MB	전자브레이크	Electromagnetic Breaker	PLR	극성 계전기	Polarity Relay
MBB	자기 차단기	Magnetic Blow-out Circuit Breaker	PN	직류(바이어스 포함)	-
MC	전자접촉기	Electromagnetic Contactor	POR	위치 계전기	Position Relay
MCB	배선용 차단기	Molded Case Circuit Breaker	PR	역전방지계전기(플러깅 계전기)	Plugging Relay
MCL	전자 크러치	Electromagnetic Clutch	PRR	압력 계전기	Pressure Relay
MCT	전자 카운터	Magnetic Counter	PRS	압력 스위치	Pressure Switch
MCTR	주간 제어기	Master Controller	PT	계기용 변압기	Potential Transformer, Voltage Transformer
MDA	최대 수요 전류계	Maximum Demand Ammeter	PWR	전력 계전기	Power Relay
MDW	최대 수요 전력계	Maximum Demand Wattmeter	R		
MEB	기계 제동	Mechanical Braking	R	저항기	Resistor
MEM	메모리	Memory			

문자기호	용 어	문자기호에 대응하는외국어	문자기호	용 어	문자기호에 대응하는외국어
R	계전기	Relay	TB	단자판	Terminal Block
R	기록	Recor ing			Terminal Board
R	역방향	Reverse	TC	트립코일	Trip Coil
R	오른편	Right	TDB	동작시 복귀 지연	Time Delay (Both)
R	리세트입력	-	TDD	복귀 시간 지연	Time Delay De-energizing
RB	재생 제동	Regenerative Braking	TDE	동작 시간 지연	Time Delay Energising
RC	회전변류기	Rotary Converter	TDR	시간 지연 계전기	Time DelY Relay
RCR	재폐로 계전기	Reclosing Relay	TFR	무 트립 계전기	Trip-free Relay
RE	익스팬드	-	TG	회전속도계발전기	Tachometer Generator
RF	입력리세트	Rectifier	TH	온도계	Thermometer
RG	정류기	Regulating	THC	열전대	Thermocouple
RH	조정	Rheostat	THR	열동 계전기	Thermal Relay
RM	가감 저항기	Retentive Memory	TLR	한시 계전기	Time-iag Relay
RN	영구 기억	Run	TR	온도 계전기	Temperature Relay
RS	운전	Rotary Switch	TS	텀블러 스위치	Tumbler Switch
RST	회전 스위치	Reset	TT	시험단자	Testing Terminal
RSTC	복귀	Reset Coil	U		
S	복귀코일		U	상승위로	Raise, UP
S		Switch	UVC	부족 전압 트립	Under-voltage Release Coil
S	스위치, 개폐기	-		코일	Under-voltage Trip Coil
SE	세트입력	-	UVR	부족 전압 계전기	Under-voltage Relay
SET	익스팬드입력세트	Set	UVW	교류	-
SEX	세트	Sub-exciter	V		
SRF	부여자기	Shift Register	V	전압계	Voltmeter
SH	시프트 레지스터	Shunt	VAR	무효전력계	Var Meter,
SL	분류기	Signal Lamp,Pilot Lamp			Reactive Power Meter
SM	표시등	Synchronous Motor	VCB	진공 차단기	Vacuum Circuit Breaker
SMT	동기 전동기	Schmidt Trigger	VCR	진공 계전기	Vacuum Relay
SOR	슈밑트리거	Out-of-step Relay,	VCS	진공 스위치	Vacuum Switch
	탈조계전기	Step-out Relay	VG	진공계	Vacuum Gauge
SPR	동기 이탈 계전기	Speed Relay	VR	전압 계전기	Voltage Relay
SPS	속도 계전기	Speed Switch	VS	전압계전환스위치	Voltmeter Change-over Switch
SR	속도 스위치	Short-circuit Relay	W		
SSM	단락 계전기	Single Short	W	전력계	Wattmeter
	단안정 멀티	Multi-vibrator	WH	전력량계	Watt-hour Meter
ST	바이브레이터		WLI	수위계	Water Level indicator
STP	시동	Start	X		
STR	정지	Stop	X	정상입력	-
STR	시동 저항기	Starting Resistor	XE	익스팬드입력정상	-
STT	시동 계전기	Starting Relay	Y		
SV	시동기	Starter	Y	인버스 입력	-
SY	전자밸브	Solenoid Valve	YDS	스터델터 시동기	Star-delta Starter
	동기 검정기	Synchronouscope,	YE	익스팬드입력인비	-
SY		Synohrcnusm Indicator	Z	스	
SYR	동기	Synchronising	Z		-
T	동기 투입 계전기	Synchronising Relay	ZCT	보조 입력	Zero-phase-sequence Current
T				영상 변류기	Transformer
	변압기	Transformer			

표E-1 CH, MH-SERIIES 전자접촉기의 표준정격용량

프레임		형 식		정 격 용 량 (kW)								정격사용전류(A)					정격통전전류(A)
		전자접촉기	전자개폐기	단 상 모터용		삼상농형 모터(AC3)			권선형모터 (AC2B)			삼상농형 모터(AC3)			저항부하 (AC1)		
				100V	200V	200V~240V	380V~440V	500V~550V	200V~240V	380V~440V	500V~550V	200V~240V	380V~440V	500V~550V	200V~240V	380V~440V	
CH-Series	-3	CH-3	MH-3	0.5	1.0	2.7	4.0	5.5	2.7	4.0	5.5	13	9	9	20	20	20
	-3N	CH-3N	MH-3N	0.5	1.0	2.7	4.0	5.5	2.7	4.0	5.5	13	9	9	20	20	20
	-5	CH-5	MH-5	0.8	1.6	4.0	7.5	9.0	4.0	7.5	9.0	18	17	17	32	32	32
	-5N	CH-5N	MH-5N	0.8	1.6	4.0	7.5	9.0	4.0	7.5	9.0	18	17	17	32	32	32
	-6N	CH-6N	MH-6N	1.2	-	5.5	11.0	11.0	5.5	11.0	11.0	26	25	20	50	50	50
	-7.5N	CH-7.5N	MH-7.5N	1.7	-	7.5	15.0	15.0	7.5	15.0	15.0	35	32	26	60	60	60
	-10N	CH-10N	MH-10N	-	-	11.0	22.0	22.0	11.0	22.0	22.0	50	48	38	80	80	80
	-15N	CH-15N	MH-15N	-	-	15.0	30.0	37.0	15.0	30.0	37.0	65	65	60	100	100	100
	-20NS	CH-20NS	MH-20NS	-	-	18.5	37.0	37.0	18.5	37.0	37.0	80	80	60	135	135	135
	-25NS	CH-25NS	MH-25NS	-	-	22.0	45.0	55.0	22.0	45.0	55.0	93	90	90	150	150	150
	-30NS	CH-30NS	MH-30NS	-	-	30.0	55.0	55.0	30.0	55.0	55.0	125	110	90	150	150	150
	-40NS	CH-40NS	MH-40NS	-	-	37.0	75.0	75.0	37.0	75.0	75.0	150	150	120	200	200	200
	-50NS	CH-50NS	MH-50NS	-	-	45.0	90.0	110	45.0	90.0	110	180	180	180	260	260	260
	-75NS	CH-75NS	MH-75NS	-	-	55.0	110	132	55.0	110	132	220	220	200	260	260	260
	-90NS	CH-90NS	MH-90NS	-	-	75.0	132	160	75.0	132	160	300	265	230	350	350	350
	-100 NS	CH-100NS	MH-100 NS	-	-	110	200	225	110	200	225	400	400	360	420	420	420
	-150 NS	CH-150 NS	MH-150 NS	-	-	150	300	375	150	300	375	600	600	600	660	660	660
	-200 NS	CH-200 NS	-			200	400	400	200	400	400	800	800	720	800	800	800

1.정격사용전류의(　　)내 정격은 전자접촉기로서 과부하계전기 없이 사용할 경우이다.

2.적용반(제어반)내의 온도는 40℃이하이다.

표E-2 CH, MH-SERIES 전자접촉기의 660V급 정격용량

프 레 임	형 식		3상 농형 전동기 (AC 3급)	
	전자 접촉기	전자 개폐기	정격용량(Kw)	정격사용전류(A)
			600 ~ 660V	600 ~ 660V
-3	CH-3	MH-3	5.5	7
-3N	CH-3N	MH-3N	5.5	7
-5	CH-5.5N	MH-5.5N	7.5	9
-6N	CH-6N	MH-6N	11.0	15
-7.5N	CH-7.5N	MH-7.5N	15.0	19
-10N	CH-10N	MH-10N	22.0	26
-15N	CH-15N	MH-15N	30.0	38
-20NS	CH-20NS	MH-20NS	37.0	44
-25NS	CH-25NS	MH-25NS	55.0	64
-30NS	CH-30NS	MH-30NS	60.0	72
-40NS	CH-40NS	MH-40NS	90.0	103
-50NS	CH-50NS	MH-50NS	132.0	150
-75NS	CH-75NS	MH-75NS	132.0	150
-90NS	CH-90NS	MH-90NS	200.0	230
-100NS	CH-100NS	MH-100NS	300.0	360
-150NS	CH-150NS	MH-150NS	480.0	600
-200NS	CH-200NS	MH-200NS	500.0	630

표E-3 전자접촉기의 보조접점 용량

<table>
<tr><th rowspan="3">프레임</th><th rowspan="3">정격 통전 전류[A]</th><th rowspan="3">폐로 차단 교류 전류(A)</th><th colspan="6">정 격 사 용 전 류</th><th rowspan="3">비 고</th></tr>
<tr><th colspan="3">교 류</th><th colspan="3">직 류</th></tr>
<tr><th>정격사용 전압 [V]</th><th>AC 11급 코일부하</th><th>AC 13급 저항부하</th><th>정격사용전압[V]</th><th>DC 11급 코일부하</th><th>DC 14급 저항부하</th></tr>
<tr><td rowspan="4">3
3N
5
5N</td><td rowspan="4">10</td><td>66.0</td><td>110</td><td>6.0</td><td>10.0</td><td>24</td><td>3.00</td><td>5.0</td><td rowspan="4">최소사용 전압·전류는 5V 3mA</td></tr>
<tr><td>33.0</td><td>220</td><td>3.0</td><td>8.0</td><td>48</td><td>1.50</td><td>3.0</td></tr>
<tr><td>16.5</td><td>440</td><td>1.5</td><td>5.0</td><td>110</td><td>0.55</td><td>2.5</td></tr>
<tr><td>13.2</td><td>550</td><td>1.2</td><td>5.0</td><td>220</td><td>0.27</td><td>1.0</td></tr>
<tr><td rowspan="4">6N
~200NS</td><td rowspan="4">10</td><td rowspan="4">60.0</td><td>110</td><td rowspan="2">6.0</td><td rowspan="4">10.0</td><td>24</td><td>10.00</td><td>10.0</td><td rowspan="4">최소사용 전압·전류는 24V 10mA</td></tr>
<tr><td>220</td><td>48</td><td>3.00</td><td>5.0</td></tr>
<tr><td>440</td><td>4.0</td><td>110</td><td>1.50</td><td>2.5</td></tr>
<tr><td>550</td><td>2.5</td><td>220</td><td>0.50</td><td>1.0</td></tr>
</table>

표E-4 전자접촉기의 보조접점의 수

프 레 임	표 준	추 가 (최 대)	비 고
CH-3	1a, 1b	5a, 4a1b, 3a2b, 2a3b 3a, 2a1b, 1a2b, 3b	Head on 보조접점 유닛 추가 가능 (단, CH-5N은 불가)
CH-3N, 5	2a, 1a1b, 2b	6a, 5a1b, 4a2b, 3a3b, 2a4b 4a, 3a1b, 2a2b, 1a3b, 4b	
CH-5N	2a2b	2a2b	
CH-6N~15N	2a2b	6a6b, 5a3b, 4a4b, 3a5b, 2a6b 4a2b, 3a3b, 2a4b	
CH-20NS~200NS	2a2b	4a4b	Side on 보조접점 유닛 추가 가능

1.최대는 보조접점유닛을 부착한 경우이다.

표E-5 전자접촉기·주 회로의 접속가능전선 크기 및 조합 압착단자

형 식	단자나사		접속가능전선 크기		조합압착단자	
	전원측 전자접촉기	부하측 Th-Rly	전원측 전자접촉기	부하측 Th-Rly	전원측 전자접촉기	부하측 Th-Rly
CH-3, 3N	M3.5	M3.5	1.25~2㎟ (Φ1.2~2)	1.25~2㎟ (Φ1.2~2)	7.7 (R2-3.5)	7.7 (R2-3.5)
CH-5, 5N	M4.0	M4.0	1.25~5.5㎟ (Φ1.2~2.6)	1.25~5.5㎟ (Φ1.2~2.6)	9.7 (R5.5-4)	9.7 (R5.5-4)
CH-6N, 7.5N	M5.0	M5.0	2~14㎟ (Φ2~3.2)	2~14㎟ (Φ2~3.2)	12.4 (R14-5)	12.4 (R14-5)
CH-10N, 15N	M6.0	M6.0	2~22㎟	2~22㎟	16.8 (R22-6)	15.3 (R22-6)
CH-20NS	M6.0	M6.0	2~60㎟	2~60㎟	22.3 (R60-6)	22.3 (R60-6)
CH-25NS CH-30NS	M8.0	M8.0	2~60㎟	2~60㎟	22.3 (R60-8)	22.3 (R60-8)
CH-40NS	M8.0	M8.0	2~100㎟	2~60㎟	28.9 (R100-8)	22.3 (R60-8)
CH-50NS	M10.0	M10.0	2~100㎟	2~100㎟	28.9 (R100-10)	28.9 (R100-10)
CH-75NS	M10.0	M10.0	2~150㎟	2~150㎟	36.5 (R150-10)	36.5 (R150-10)
CH-90NS CH-100NS	M12.0	M12.0	2~200㎟	2~200㎟	44.5 (R200-12)	44.5 (R200-12)
CH-150NS	M16.0	M16.0	80~325㎟	80~325㎟	51 (R325-16)	51 (R325-16)
CH-200NS	M16.0	-	80~325㎟	-	51 (R325-16)	-

표E-6 전자접촉기 보조회로의 접속가능 전선크기 및 조합 압착단자

형 식	단 자 나 사		접속가능 전선크기		조합압착단자 최대폭(mm)(호칭 Size)		체결토크 (kgf.cm)	
	전 원 측 전자접촉기	부하측 Th-Rly	전 원 측 전자접촉기	부하측 Th-Rly	전 원 측 전자접촉기	부하측 Th-Rly	전 원 측 전자접촉기	부하측 Th-Rly
CH3~5N	M3.5	M3.5	1.25~2㎟ Φ1.2~2	1.25~2㎟ Φ1.2~2	7.7 (R2-3.5)	7.7 R2-3.5	8~9	8~9
CH-6N ~40NS	M3.5	M3.5	1.25~2㎟ Φ1.2~2	1.25~2㎟ Φ1.2~2	7.7 (R2-3.5)	7.7 R2-3.5	8~9	8~9
CH-50NS ~150NS	M4.0	M3.5	1.25~5.5㎟ Φ1.2~2.6	1.25~2㎟ Φ1.2~2	9.9 (R5.5-4)	9.7 R2.3.5	10~13	8~9
CH-200NS	M4.0	-	1.25~5.5㎟ Φ1.2~2.6	-	9.9 (R5.5-4)	-	10~13	-

표E-7 CH-형 전자접촉기의 배선 단자치수

형 식	단 자 치 수			
	주 회 로		보 조 회 로	
	단 자 나 사	단 자 치 수 AxBxC [mm]	단 자 나 사	단 자 치 수 AxBxC [mm]
CH3, 3N	M3.5	7.7 x 5 x 4	M3.5	7.7 x 5 x 4
CH-5, 5N	M4.0	9.7 x 5 x 5	M3.5	7.7 x 5 x 4
CH-6N, 7.5N	M5.0	12.4 x 6 x 6.5	M3.5	7.7 x 5 x 4.5
CH-10N, 15N	M6.0	16.8 x 8 x 9	M3.5	7.7 x 5 x 4.5
CH-20NS	M6.0	16 x 8 x 12	M3.5	7.7 x 5 x 4.5
CH-25NS, 30NS	M8.0	20 x 11 x 12	M3.5	7.7 x 5 x 4.5
CH-40NS	M8.0	20 x 11 x 15	M3.5	7.7 x 5 x 4.5
CH-50NS	M10.0	25 x 12 x 15	M4.0	9.9 x 5.5 x4.5
CH-75NS	M10.0	25 x 12 x 19	M4.0	9.9 x 5.5 x 4.5
CH-90NS	M12.0	30 x 15 x 24	M4.0	9.9 x 5.5 x 4.5
CH-100NS	M12.0	30 x 15 x 24	M4.0	9.9 x 5.5 x 4.5
CH-150NS	M16.0	40 x 20 x 27	M4.0	9.9 x 5.5 x 4.5
CH-200NS	M16.0	40 x 20 x 27	M4.0	9.9 x 5.5 x 4.5

표E-8 MH-형 전자개폐기의 배선 단자치수

형 식	단 자 치 수			
	주 회 로		보 조 회 로	
	단 자 나 사	단 자 치 수 A x B x C [mm]	단 자 나 사	단 자 치 수 A x B x C [mm]
TH-3N	M3.5	7.7 x 5 x 4	M3.5	7.7 x 4 x 4
TH-5N	M4.0	9.7 x 5 x 5	M3.5	7.7 x 4 x 4
TH-675N	M5.0	12.4 x 6 x 6.5	M3.5	7.7 x 5 x 4.5
TH-1015N	M6.0	15.3 x 11 x 8	M3.5	7.7 x 5 x 4.5
TH-20NS	M6.0	16 x 8 x 10.5	M3.5	7.7 x 5 x 4.5
TH-2540N	M8.0	23 x 10 x 12	M3.5	7.7 x 5 x 4.5
TH-50NS	M10.0	25 x 12 x 14	M3.5	7.7 x 5 x 4.5
TH-75NS	M10.0	25 x 12 x 19	M3.5	7.7 x 5 x 4.5
TH-90N	M12.0	30 x 15 x 24	M3.5	7.7 x 5 x 4.5
TH-100NS	M12.0	30 x 15 x 24	M3.5	7.7 x 5 x 4.5
TH-15NS	M16.0	38 x 20 x 27	M3.5	7.7 x 5 x 4.5
-	-	-	-	-

표E-9 자동 Y-Δ기동시의 전자접촉기의 적용(3접촉기식)

모터용량[kW]	200 ~ 220V			440V		
	기동용[MC_S]	운전용[MC_D]	전원용[MC_M]	기동용[MC_S]	운전용[MC_D]	전원용[MC_M]
5.5	CH- 5N	CH- 5N	CH- 5N	CH- 5N	CH- 5N	CH- 5N
7.5	CH- 5N	CH- 6N	CH- 6N	CH- 5N	CH- 5N	CH- 5N
11.0	CH- 6N	CH-7.5N	CH-7.5N	CH- 5N	CH- 5N	CH- 5N
15.0	CH- 6N	CH-10N	CH-10N	CH- 5N	CH- 6N	CH- 6N
18.5	CH-7.5N	CH-10N	CH-10N	CH- 5N	CH-7.5N	CH-7.5N
22.0	CH-7.5N	CH-15N	CH-15N	CH- 6N	CH-7.5N	CH-7.5N
30.0	CH-7.5N	CH-20NS	CH-20NS	CH-7.5N	CH-10N	CH-10N
37.0	CH-10N	CH-25NS	CH-25NS	CH-7.5N	CH-15N	CH-15N
45.0	CH-15N	CH-30NS	CH-30NS	CH-7.5N	CH-15N	CH-15N
55.0	CH-20NS	CH-40NS	CH-40NS	CH-10N	CH-20NS	CH-20NS
75.0	CH-25NS	CH-50NS	CH-50NS	CH-10N	CH-25NS	CH-25NS
90.0	CH-30NS	CH-75NS	CH-75NS	CH-20N	CH-30NS	CH-30NS
110.0	CH-40NS	CH-90NS	CH-90NS	CH-25NS	CH-40NS	CH-40NS
132.0	CH-75NS	CH-100NS	CH-100NS	CH-25NS	CH-50NS	CH-50NS
160.0	CH-75NS	CH-100NS	CH-100NS	CH-30NS	CH-75NS	CH-75NS
250.0	CH-100NS	CH-150NS	CH-150NS	CH-75NS	CH-90NS	CH-90NS
300.0	-	-		CH-75NS	CH-100NS	CH-100NS

1.농형 및 권선형 모터의 표준책무(AC3, 1C2B급)를 기준으로 하였다.
2.모터의 기동시간은 15초이하를 기준으로 하였다.

표E-10 전자접촉기의 직류 부하에서의 적용

형 식	직 렬 접점수	DC 1, DC 14급 정 격 사 용 전 류 (A) 저항부하 (L/R=1ms)				DC 2, DC 4급 정 격 사 용 전 류 (A) 직류전동기부하 (L/R=15ms)				DC 11급 정 격 사 용 전 류 (A) 코일부하 (L/R=100ms)			
		24V	48V	110V	220V	24V	48V	110V	220V	24V	48V	110V	220V
CH-3	1	13	13	10	1.2	6	3	2	0.35	6	1	0.7	0.25
	2	13	13	10	6	12	6	4	1.2	10	5	3	0.4
	3	15	15	15	15	15	10	8	4	12	8	4	2
CH-3N	1	13	13	10	1.2	6	3	2	0.35	6	1	0.7	0.25
	2	13	13	10	6	12	6	4	1.2	10	5	3	0.4
	3	15	15	15	15	15	10	8	4	12	8	4	2
CH-5	1	20	15	12	2	10	8	3	0.35	12	3	1	0.25
	2	20	20	15	10	20	15	8	2	20	12	3	1.2
	3	22	22	20	15	22	22	15	8	22	15	10	2
CH-5N	1	20	15	12	2	10	8	3	0.35	12	3	1	0.25
	2	20	20	15	10	20	15	8	2	20	12	3	1.2
	3	22	22	20	15	22	22	15	8	22	15	10	2
CH-6N	1	25	25	15	2	15	8	3	0.35	15	3	1	0.3
	2	25	25	25	20	25	15	8	2	20	15	3	1.2
	3	35	35	30	25	35	25	20	8	25	25	10	2
CH-7.5N	1	30	30	20	2	20	15	4	0.35	20	3	1	0.4
	2	30	30	30	20	30	20	15	3	20	20	3	1.2
	3	45	45	40	35	35	30	30	8	35	30	15	2
CH-10N	2	60	60	40	20	60	30	20	3.5	40	20	5	-
	3	60	60	60	40	60	60	60	13	50	40	20	-
CH-15N	2	80	80	50	20	80	40	20	4	40	20	5	-
	3	80	80	80	60	80	80	80	20	60	45	20	-
CH-20N	2	80	80	50	20	80	40	20	4	40	20	5	-
	3	80	80	80	60	80	80	80	20	60	45	20	-
CH-25N	2	120	120	80	40	120	80	40	15	65	40	5	-
	3	120	120	120	120	120	120	120	80	80	50	20	-
CH-30N	2	120	120	80	40	120	80	40	15	65	40	10	-
	3	120	120	120	120	120	120	120	80	80	50	35	-
CH-40N	2	160	160	100	80	160	120	80	40	100	50	10	-
	3	160	160	160	160	160	160	160	160	100	80	35	-
CH-50N	2	200	200	160	160	200	160	120	60	120	80	20	-
	3	200	200	200	200	200	200	200	200	150	100	50	-
CH-75N	2	200	200	160	160	200	160	120	60	120	80	30	-
	3	200	200	200	200	200	200	200	200	150	100	75	-
CH-90N	2	300	300	200	200	300	200	160	80	-	-	30	-
	3	300	300	300	300	300	300	300	300	-	-	75	-
CH-100N	2	400	400	330	300	400	300	200	100	-	-	-	-
	3	400	400	400	400	400	400	400	400	-	-	-	-
CH-150N	2	600	600	420	300	-	-	-	-	-	-	-	-
	3	600	600	600	420	-	-	-	-	-	-	-	-

표E-11 전자 접촉기의 보조접점 유닛의 형식

종 류	극 수	형 식	접점구성	적용구성
윗면 부착용 (Head-On)	4	CZ-A40	4a	CH3~15N의 표준형 및 응용 기종
		CZ-A31	3a1b	
		CZ-A22	2a2b	
	2	CZ-A20	2a	
		CZ-A11	1a1b	
		CZ-A02	2b	
측면 부착용 (Side-On)	2	CZ-AL	1a1b(좌측면)	
		CZ-AR	1a1b(우측면)	

표E-12 전자접촉기의 보조접점 유닛의 정격

정격 통전 전류 [A]	폐로 및 차단교류전류 [A]	정격 사용 전류 [A]					
		교류			직류		
		정격 사용전압	AC11급 코일부하	AC13급 저항부하	정격 사용전압	DC11급 코일부하	AC14급 저항부하
10	66.0	110V	6.0	10	24V	3.00	5.0
	33.0	220V	3.0	8	48V	1.50	3.0
	16.5	440V	1.5	5	110V	0.55	2.5
	13.2	550V	1.2	5	220V	0.27	1.0

표E-13 전자접촉기의 보조접점 유닛의 성능

개폐빈도 (회/시)	기계적 수명 (만회)	전기적 수명(만회)				
		AC11급		AC13급	DC11,14급	
		220V	440V	220V	440V	24~220V
1,800	1,000	50	50	25	25	50

표E-14 전자접촉기와 보조접점 유닛과 조합시 접점구성

전자접촉기 \ 보조접점유닛 형식		윗면 부착용						측면 부착용	
		CZ-440	CZ-A31	CZ-A22	CZ-A20	CZ-A11	CZ-A02	CZ-AL 또는 AR	CZ-AL⊕ AR
형 식	접점구성	4a	3a1b	2a2b	2a	1a1b	2b	1a1b	2a2b
CH-3 CH-3/G	1a	5a	4a1b	3a2b	3a	2a1b	1a2b	2a1b	3a2b
	1b	4a1b	3a2b	2a2b	2a1b	1a2b	3b	1a2b	2a3b
CH-3N CH-3N/G CH-5 CH-5/G	2a	6a	5a1b	4a2b	4a	3a1b	2a2b	3a1b	4a2b
	1a1b	5a1b	4a2b	3a3b	3a1b	2a2b	1a3b	2a2b	3a3b
	2b	4a2b	3a3b	2a4b	2a2b	1a3b	4b	1a3b	2a4b
CH-5N CH-5N/G	2a2b	CH-5에 윗면부착용 보조접점 1a1b를 부착한 것임						-	-
CH-6N~15N CHO-6N/G~15N/G	2a2b	6a2b	5a3b	4a4b	4a2b	3a3b	2a4b	-	-
AH-4 AH-4/G	4a	8a	7a1b	6a2b	6a	5a1b	4a2b	5s1b	6a2b
	3a1b	7a1b	6a2b	5a3b	5a1b	4a2b	3a3b	4a2b	5a3b
	2a2b	6a2b	5a3b	4a4b	4a2b	3a3b	2a4b	3a3b	4a4b
AH-5 AH-5/G	5a	9a	8a1b	7a2b	7a	6a1b	5a2b	6a1b	7a2b
	4a1b	8a1b	7a2b	6a3b	6a1b	5a2b	4a3b	5a2b	6a3b
	3a2b	7a2b	6a3b	5a4b	5a2b	4a3b	3a4b	4a3b	5a4b
	2a3b	6a3b	5a4b	-	4a3b	3a4b	-	3a4b	-
	1a4b	5a4b	-	-	3a4b	-	-	-	-
	5b	4a5b	-	-	2a5b	-	-	-	-

표E-15 전자접촉기의 보조접점 유닛의 외형 및 부착치수

형 명	외 형	외 형 치 수	접 점 구 성
윗면부착용, 4극 ·CZ-A40 ·CZ-431 ·CZ-422			
윗면부착용, 2극 ·CZ-420 ·CZ-411 ·CZ-A02			

CH-5N/G는 측면부착용 보조접점을 부착할 수 없다.

보조접점유닛은 윗면부착용과 측면부착용을 동시에 사용할 수 없다.

공장 출고시의 접점구성은 접속도를 참조.

표F-1 열동부하계전기의 보조접점

형 식	정격통전전류[A]	정격 전압[A]	정격 사용 전류[A]	
			AC 11급	DC 11급
TK-3N TH-3N TH-3NH TH-3NL	3.0	24	3(0.3) *1	1.1(0.3) *1
		110	2.5(0.3) *1	0.28(0.28) *1
		220	2(0.3) *1	0.14(0.14) *1
		440	1(0.3) *1	-
		550	1(0.3) *1	-
TK-5N TH-5N TH-5NH TH-5NL	3.0	24	3(0.3) *1	1.1(0.3) *1
		110	2.5(0.3) *1	0.28(0.28) *1
		220	2(0.3) *1	0.14(0.14) *1
		440	1(0.3) *1	-
		550	1(0.3) *1	-
TK-55N~150N TH-5SN~150N TH-5SNH TH-5SNL	4.5	24	3(0.5) *2	1.1
		110	2.5(0.5) *2	0.28
		220	2.25(0.5) *2	0.14
		440	1.75(0.5) *2	-
		550	1.75(0.5) *2	-

*1. ( ) 내의 정격은 자동복귀일 경우

*2. ( ) 내의 정격은 자동복귀시 a접점 정격임.

표F-2 TH형 열동부하계전기 기종 및 정격 I

기 종	TH-3N				TH-5N				TH-5SN				TH-675N			
	호칭 정격	조 정 범 위			호칭 정격	조 정 범 위			호칭 정격	조 정 범 위			호칭 정격	조 정 범 위		
		최소	중간	최대		최소	중간	최대		최소	중간	최대		최소	중간	최대
소 자 (Bimetal) 정격전류 [A]	0.10	0.10	0.125	0.15	0.10	0.10	0.125	0.15	0.10	0.10	0.125	0.15	4	4	5.0	6
	0.15	0.15	0.200	0.24	0.15	0.15	0.200	0.24	0.15	0.15	0.200	0.24	5	5	6.5	8
	0.24	0.24	0.300	0.36	0.24	0.24	0.300	0.36	0.24	0.24	0.300	0.36	6	6	7.5	9
	0.36	0.36	0.450	0.54	0.36	0.36	0.450	0.54	0.36	0.36	0.450	0.54	7	7	9.0	11
	0.48	0.48	0.600	0.72	0.48	0.48	0.600	0.72	0.48	0.48	0.600	0.72	9	9	11.0	13
	0.64	0.64	0.800	0.96	0.64	0.64	0.800	0.96	0.64	0.64	0.800	0.96	12	12	15.0	18
	0.80	0.80	1.000	1.20	0.80	0.80	1.000	1.20	0.80	0.80	1.000	1.20	18	18	22.0	26
	0.95	0.95	1.200	1.45	0.95	0.95	10.20	1.45	0.95	0.95	1.200	1.45	24	24	30.0	36
	1.40	1.40	1.800	2.20	1.40	1.40	1.80	2.20	1.40	1.40	1.800	2.20				
	1.70	1.70	2.150	2.60	1.70	1.70	2.15	2.60	1.70	1.70	2.150	2.60				
	2.20	2.20	2.800	3.40	2.20	2.20	2.80	3.40	2.20	2.20	2.800	3.40				
	2.80	2.80	3.500	4.20	2.80	2.80	3.50	4.20	2.80	2.80	305	4.20				
	4.00	4.00	5.000	6.00	4.00	4.00	5.00	6.00	4.00	4.00	5.000	6.00				
	5.00	5.00	6.500	8.00	5.00	5.00	6.50	8.00	5.00	5.00	6.500	8.00				
	6.00	6.00	7.500	9.00	6.00	6.00	7.50	9.00	6.00	6.00	7.500	9.00				
	7.00	7.00	9.000	11.00	7.00	7.00	9.00	11.00	7.00	7.00	9.000	11.00				
	9.00	9.00	11.000	13.00	9.00	9.00	11.00	13.00	9.00	9.00	11	13.00				
					12.00	12.00	15.00	18.00	13.00	13.00	16.5	20.00				
									20.00	20.00	23	26.00				

보조접점구성	1a1b	1a1b	1a1b	1a1b
동 작 기 능	·복귀방식:수동·자동겸용 ·수동트립기구:부착 ·트립동작표시:기계적방식 ·트립자유방식:표준채택		·복귀방식:수동·자동겸용 ·수동트립기구:부착 ·트립동작표시:기계적방식	
조 합 된 전자개폐기	MH-3(CH-3+TH-3N) MH-3N(CH-3N+TH-3N)	MH-5(CH-5+TH-5N) MH-5N(CH-5N+TH-5N)	-	MH-6N(CH-6N+TH-675N) MH-7.5N(CH-7.5N+TH-675N)

표F-3 TH-형 열동부하계전기의 정격 II

기 종	TH-1015N				TH-20N				TH-2540N				TH-50N			
	호칭정격	조 정 범 위			호칭정격	조 정 범 위			호칭정격	조 정 범 위			호칭정격	조 정 범 위		
		최소	중간	최대		최소	중간	최대		최소	중간	최대		최소	중간	최대
소 자 (Bimetal) 정격전류 [A]	7	7	9	11	18	18	22	26	45	45	56	67	65	65	80	95
	9	9	11	13	24	24	30	36	54	54	67	80	85	85	105	125
	12	12	15	18	28	28	34	40	65	65	80	95	110	110	135	160
	18	18	22	26	34	34	42	50	85	85	105	125	125	125	155	185
	24	24	30	36	45	45	56	67	110	110	135	160				
	28	28	34	40	54	54	67	80								
	34	34	42	50												
	45	45	56	67												
보조접점 구 성	1a1b				1a1b				1a1b				1a1b			
동작기능	·복귀방식: 수동·자동겸용 ·수동트립기구: 부착 ·트립동작표시: 기계적방식															
조합된 전자 개폐기	MH-10N (CH-10N+TH-1015N) MH-15N (CH-10N+TH-1015N)				MH-20N(CH-20NS+TH-20N)				MH-25NS(CH-25NS+TH-2540N) MH-30NS(CH-30NS+2540N) MH-40NS(CH-40NS+TH-2540N)				MH-50NS(CH-50NS+TH-50N)			

표F-4 TH-형 열동부하계전기의 정격III

기 종	TH-1015N				TH-20N				TH-2540N				TH-50N			
소 자 (Bimetal) 정격전류 [A]	호칭정격	조정범위 최소	중간	최대	호칭정격	조정범위 최소	중간	최대	호칭정격	조정범위 최소	중간	최대	호칭정격	조정범위 최소	중간	최대
	85	85	105	125	110	110	135	160	160	160	200	240	240	240	300	360
	110	110	135	160	125	125	155	185	200	200	250	300	300	300	375	450
	125	125	155	185	160	160	200	240	240	240	300	360	400	400	500	600
	160	160	200	240	200	200	250	300	300	300	375	450				
보 조 접점구성	1a1b				1a1b				1a1b				1a1b			
동작기능	·복귀방식: 수동·자동겸용 ·수동트립기구: 부착 ·트립동작표시: 기계적방식															
조합된 전자개폐기	MH-75N (CH-75NS+TH-75N)				MH-90NS(CH-90NS+TH-90N)				MH-100NS (CH-100NS+TH-100N)				MH-150NS (CH-150NS+TH-150N)			

PLC 활용을 위한 시퀀스 제어

2009년 2월 25일 인쇄
2009년 2월 28일 발행
저 자 서 정 훈 저
펴낸이 오 성 걸
펴낸곳 **오성미디어**
주 소 132-916 서울시 도봉구 창 3동 491-1
전 화 02)997-0136
FAX 02)997-0137
등 록 2000. 5. 12 제 7-212 호

ISBN 978-89-92583-50-3 **값** 15,000원